现代
数字通信
原理、技术及应用

Xiandai
Shuzi Tongxin
Yuanli Jishu Ji Yingyong

尹淑娟◎著

武汉理工大学出版社
·武　汉·

内容提要

现阶段，通信技术以其迅猛的发展速度，正在不断演进和创新，不断突破原有的边界和限制，带来了前所未有的变革和进步。本书以现代数字通信技术和通信系统为背景，全面系统地讲述了通信的基本理论，深入分析了现代数据通信的新技术，并介绍了现代通信系统的典型应用及其发展趋势。此外，还融合了数字通信基础知识与物理层核心内容，全面反映了数字通信系统物理层的关键特征。本书内容充实、层次清晰、重点突出，适合电子、信息与通信工程等相关领域的科研人员作为技术参考书籍。

图书在版编目 (CIP) 数据

现代数字通信原理、技术及应用 / 尹淑娟著 . — 武汉 : 武汉理工大学出版社 , 2023.12

ISBN 978-7-5629-6977-8

Ⅰ . ①现… Ⅱ . ①尹… Ⅲ . ①数字通信—通信原理Ⅳ . ① TN914.3

中国国家版本馆 CIP 数据核字（2023）第 248068 号

责任编辑：马首鳌
责任校对：王兆国 **排 版：**任盼盼
出版发行：武汉理工大学出版社
社 址：武汉市洪山区珞狮路 122 号
邮 编：430070
网 址：http：//www.wutp.com.cn
经 销：各地新华书店
印 刷：北京亚吉飞数码科技有限公司
开 本：170 × 240 1/16
印 张：12.75
字 数：214 千字
版 次：2024 年 5 月第 1 版
印 次：2024 年 5 月第 1 次印刷
定 价：86.00 元

凡购本书，如有缺页、倒页、脱页等印装质量问题，请向出版社发行部调换。
本社购书热线电话：027-87391631 87664138 87523148

· 版权所有，盗版必究 ·

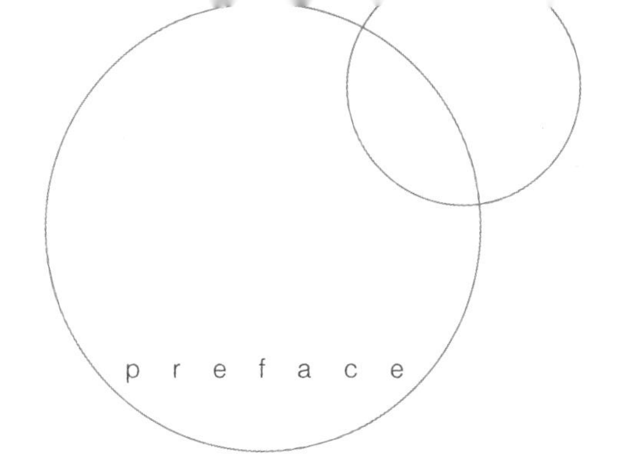

前　言

通信使人类文明和社会生活发生了翻天覆地的变化,世界各国在通信领域投入了大量的人力和物力,并进行了大规模的建设。近年来,随着通信技术的更新速度加快,各种新需求与新技术不断涌现,在加强基础建设的同时,有必要根据新的通信网络结构和各类先进的通信技术来进一步帮助读者建立起信息通信网络技术的整体概念。

21 世纪将进入数字革命的新时代,数字工程正在世界各国蓬勃展开,我国也正在跨进世界数字工程的先进行列。通信技术是实现数字工程的重要方面,为了适应这一新技术领域的需要,帮助我国通信工程技术人员系统地掌握相关专业基础理论知识,提高解决专业科技问题、做好实际工作的能力,了解通信技术的新知识和发展趋势,为加快我国通信建设、实现通信现代化作出应有的贡献,笔者根据多年的教学经验和有关科研项目的研究体会,结合本领域的通信技术发展撰写了此书。

本书以现代数字通信技术和数字通信系统为背景,分八个章节,全面、系统地论述了数字通信的基本理论,介绍了现代广泛采用的数据通信系统及其发展趋势,内容包括:初识数据通信、数据通信基础、典型数据通信网、通信网络安全服务、数字信号传输技术、模拟信号数字传输、数字终端技术、现代数字通信技术应用。

随着通信技术的发展与用户需求日益多样化,现代通信网络正处在变革与发展之中,为了更清晰地描述现代通信网络结构和先进技术支撑,使读者能够更好地建立现代通信技术与网络的整体概念,认识并掌握相互关系,本书在第 3 ~ 7 章对网络中所涉及的多种通信技术进行了较详细的论述,既强调面向普适性要求的基础性内容讲述,又补充面向专业性拓展的前沿性内容展望。本书力求体现理论性、实用性、系统性和方向性。从我国实际出发,密切结合当前通信科技工作和未来发展的需要,阐述通信各专业知识,力求做到资料丰富完备,深浅适宜,条理清楚,对专业技术发展有一定的预见性。

在本书的撰写过程中,作者不仅参阅、引用了很多国内外相关文献资料,而且得到了同事亲朋的鼎力相助,在此一并表示衷心的感谢。由于作者水平有限,书中如有疏漏之处,恳请同行专家以及广大读者批评指正。

作 者

2023 年 10 月

目　录

第1章
初识数字通信

数字通信技术是一种通过数字信号传输信息的方式。数字信号一般为二进制信号，以0和1的形式表示不同的信息状态，通过传输这些二进制信号，实现信息的传递和交换。数字信号的取值是离散的，可以通过多种方式进行错误检测和纠正，从而提高通信的可靠性。同时，数字信号还可以方便地实现信息的压缩和加密等功能。数字通信可以传输多种类型的信号，包括电报、数字数据、语音、图像等。这些信号在传输前需要进行数字化处理，以适应数字信道传输的要求。

数字通信技术具有高效、抗干扰性强和易于复制的优势，已经成为现代社会信息传输的核心基础。目前，数字通信已广泛应用于互联网、移动通信、卫星通信、数字广播、音视频传输等众多领域。随着数字化社会的不断发展，其在物联网、5G通信、云计算、智能城市等领域的应用将进一步扩展，为人们提供更加便捷和高质量的通信服务，推动科技和社会的进步。

1.1 数字通信概述

通信的主要目的是将信息或消息从一个地方传递到另一个地方,这是为了满足人类生产和社会生活的各种需求,如工作、学习、娱乐等。在古代,人们已经使用各种方法进行通信,如"消息树""烽火台"等。这些方法简单有效,能够满足当时人们的基本通信需求。随着社会生产力的发展,人们对通信的要求也越来越高,于是出现了更多的通信手段和技术。数字通信具有抗干扰能力强、可靠性高等优点,因此在现代通信中被广泛应用。

1.1.1 数字通信的概念

数字通信是用数字信号作为载体来传输消息,或用数字信号对载波进行数字调制后再传输的通信方式。在数字通信中,发送信号某一参数的离散取值与承载信息的数字信号之间通常是一一对应的关系。与模拟通信系统相比,数字通信系统的发送设备和接收设备要复杂得多。

模拟通信系统传输的信号是连续的,很难分离噪声和信号,而且噪声是积累的,抗干扰能力差。数字信号传输时,在发送端和接收端仅需考虑两个电平,噪声不积累,只要保证判决门限在合理的范围,即使波形失真也不会影响信号的再生,采用再生中继的方法可实现高质量的远距离通信。

数字通信和模拟通信在保密性方面有着明显的差异。模拟通信在保密性方面相对较弱。因为模拟信号在传输过程中容易受到干扰,并且容易被窃听者拦截和解密,这使得模拟通信不适用于对安全需求较高的场景中。相比之下,数字通信通常使用密码学算法,如对称加密、非对称加密等,对信号进行高强度的加密,这种加密技术可以防止未经授权的第三方拦截和解密通信内容,确保通信内容的机密性和完整性。此外，数字通信还可以使用量子通信等前沿技术，使得窃听者无法在通信过程中进行窃听和解密，进一步提高通信的安全性和保密性。在需要实现保密通信的场合，数字通信通常是一种更安全、更可靠的选择。

1.1.2 数字通信系统

在实际应用中，很多信息通常以模拟信号的形式存在，如声音、图像等。在数字信道中进行传输，需要将这些模拟信号转换为数字信号。为了提高信息的可靠性和保密性，以及信道的利用率，需要对数字信号进行编码。编码是信息传输中的重要步骤，可以有效地抵抗干扰，减少外界和系统自身噪声的干扰，提高传输性能，确保信息的可靠性和完整性。数字通信技术利用数字信号的这些特性，实现了更快速、更安全、更可靠的通信。在需要高保密性或远距离通信的情况下，数字通信通常是更好的选择。

数字通信系统各组成部分的功能如图 1–1 所示。

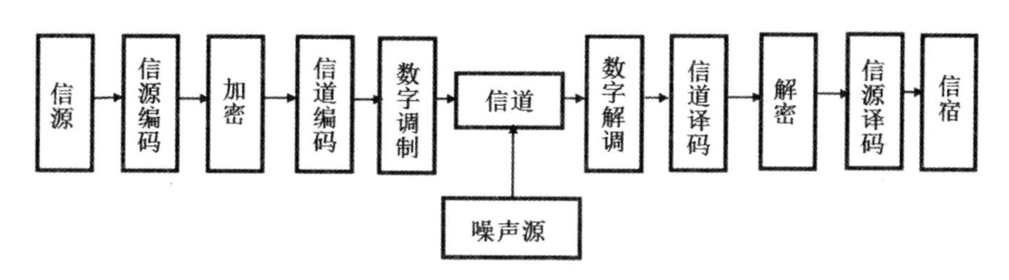

图 1–1　数字通信系统各组成部分的功能

1.1.2.1 信源编码与译码

回节信源编码（Source Coding）有两个基本功能：（1）提高信息传输的有效性，即通过某种压缩编码技术设法减少码元数目，以降低码元速率。（2）完成模 / 数（A/D）转换，即当信息源给出的是模拟信号时，信源编码器将其转换成数字信号，以实现模拟信号的数字传输。信源译码是信源编码的逆过程。

1.1.2.2 信道编码与译码

信道编码(Channel Coding)的作用是进行差错控制。数字信号在传输过程中会受到噪声的影响而发生差错。为了减少差错,信道编码器对传输的信息码元按一定的规则加入保护成分(监督码元),组成所谓的“抗干扰编码”。接收端的信道译码器按相应的逆规则进行解码,从中发现错误或纠正错误,提高通信系统的可靠性。

1.1.2.3 加密与解密

在需要实现保密通信的场合,为了保证所传信息的安全,人为地扰乱被传输的数字序列,即加上密码,这种处理过程叫加密(Enceryption)。在接收端利用与发送端处理过程相反的过程对收到的数字序列进行解密(Decryption),恢复原来信息。

1.1.2.4 数字调制与解调

数字调制是把数字基带信号的频谱搬移到高频处,形成适合在信道中传输的带通信号。基本的数字调制方式有振幅键控(ASK)、频移键控(FSK)、绝对相移键控(PSK)、相对(差分)相移键控(DPSK)。在接收端可以采用相干解调或非相干解调还原数字基带信号。

1.1.2.5 同步

同步(Synchronization)是使收发两端的信号在时间上保持步调一致,是保证数字通信系统有序、准确、可靠工作的前提条件。按照同步的功用不同,分为载波同步、位同步、群(帧)同步和网同步。需要说明的是,同步单元也是系统的组成部分,但在图 1–1 中未画出。图 1–1 是数字通信系统的一般化模型 ,实际的数字通信系统不一定包括图中的所有环节,如数字基带传输系统中,无须调制和解调。

此外,模拟信号经过数字编码后可以在数字通信系统中传输,数字电话系统就是以数字方式传输模拟语音信号的例子。当然,数字信号也可以通过传统的电话网来传输,但需使用调制解调器(Modem)。

1.1.3 数字通信的特点

1.1.3.1 抗干扰性强

数字通信将信号转换为数字形式进行传输,而在接收端,再将数字信号恢复模拟形式。这种数字化处理方式可以减少噪声的干扰,因为噪声是随机的、无规律的信号,在数字系统中,噪声会被淹没在大量的数字信号中,难以被识别和放大。在接收端,只需要将脉冲与门槛电平进行比较,就可以避免错误的判断。因此,数字通信的抗干扰功能确实优于模拟通信。

数字通信还可以采用各种检错和纠错的编码技术,从而在噪声环境中有效传输数据。这些编码技术可以帮助检测传输过程中的错误,并提供纠正这些错误的方法,使得数字通信在抵抗噪声干扰方面更为优越。

1.1.3.2 易于加密

数字通信可以实现加密传输,从而更好地保护通信内容的安全性和隐私性。在数字通信中,信息以二进制形式进行传输,这种传输方式本身就具有一定的保密性。而在实际的通信过程中,往往需要进一步采取加密措施以增强保密性。数字加密技术有多种方法,如对称加密和非对称加密等。这些加密方法可以将原始的数字信号转换为难以解读的密文,使得未经授权的人无法读取或理解,大大提高了通信的保密性。

相比之下,模拟通信的信号是连续的,难以进行有效的加密处理。即使采用了一些模拟加密技术,也容易被破解或识别出来,因此保密性相对较差。

1.1.3.3 差错可控

在数字通信中,信息以数字信号形式进行传输,这些数字信号在传输过程中可以受到有效的检测和控制。数字信号在传输过程中可以随时进行差错检测,判断传输过程中是否出现了错误。一旦检测到错误,可以采取一些差错控制技术来纠正这些错误,如自动重传请求(ARQ)等。这些差错控制技术可以保证数字信号在传输过程中的准确性和完整性,使得数字通信的差错可控。

相比之下,模拟通信的信号是连续的,难以进行有效的差错检测和控制。即使采用了一些差错控制技术,也难以保证信号在传输过程中的完整性和准确性。

1.1.3.4 可与现代技术结合

数字通信技术是一种现代化的通信方式,可以与计算机技术、互联网技术、物联网技术等现代技术完美结合。例如,数字通信技术可以通过网络协议将数据传输到远程的计算机或服务器上,实现远程监控、远程数据传输等功能。还可以通过数字通信技术将各种传感器、仪表等设备连接到计算机或服务器上,实现数据采集、远程控制等功能。这些结合可以使数字通信技术的应用更加广泛。

相比之下,传统的模拟通信方式往往难以与现代技术进行有效的结合,限制了其应用范围。

1.1.3.5 更适合远距离传输

在远距离传输中,数字通信技术相比模拟通信技术具有更强的抗干扰能力和差错控制能力,因此更适合长距离传输。数字通信技术还可以通过数字信号处理技术实现信号的再生和重发,使得长距离传输的可靠性更高。相比之下,模拟通信技术在长距离传输中会受到噪声干扰和信号衰减的影响,使得传输质量和可靠性难以得到保证。

1.1.3.6 数字信号易于调制

数字信号的调制是数字通信系统中非常重要的一个环节,数字信号的调制技术可以将原始的数字信号转换成交变的模拟信号,从而实现在载波上进行传输。数字信号的调制方式有很多种，如脉冲编码调制（Pulse Code Modulation, PCM）、差分脉冲编码调制（Differential Pulse Code Modulation, DPCM）等。这些调制方式可以将数字信号转换为模拟信号，并且可以很容易地实现信号的压缩和加密处理，使得数字信号在传输过程中更加可靠和安全。

相比之下，模拟信号的调制方式比较单一，一般采用幅度调制或频率调制等简单的调制方式，这些调制方式容易被干扰，受噪声影响，也难以实现信号的压缩和加密处理。

1.1.3.7 其他优势

（1）高速传输。数字通信系统采用数字信号传输而非模拟信号传输，可以实现更高速的数据传输。

（2）精确性更高。数字信号可以在传输过程中进行更精确的控制和处理，因此数字通信系统的传输精度更高，传输误差更小。

（3）容易扩展。数字通信系统在基于数字技术进行信息传输和处理的通信系统中，可以轻松扩展和升级，以实现更多的功能。

（4）高稳定性。数字通信系统可以确保更加稳定、可靠的通信质量，因为数字信号的传输和处理过程更加精确和可控。

（5）适应多种传输介质。数字通信可以适应多种传输介质，如光纤、无线、卫星等，因此具有更广泛的应用范围。

（6）可压缩性。数字通信可以利用各种压缩技术对数据进行压缩，以提高信道利用率和传输效率。

（7）低误码率。数字通信的误码率可以非常低，这是因为数字信号在传输过程中可以更容易地进行纠错和检错。

以上是数字通信的一些基本特点，但并不是所有的数字通信系统都能够完全体现这些特点，实际应用中的数字通信系统需要根据具体的需求和应用场景进行设计和优化。

1.2 信息及其度量

1.2.1 信息概述

1.2.1.1 信息的概念

人类通过获得、识别自然界和社会的不同信息来区别不同事物，得以认识和改造世界。广义上讲，信息是人通过感觉器官接收到的所有输入。信息普遍存在于一切通信和控制系统中。信息的表现形式多种多样，包括但不限于图片、声音、动作、表情、文字等。信息的这些不同表现形式都是信息的外在特征，但其本质是相同的，都代表了某种含义或传达了某种信息。

信息具有的特征：载体依附性，信息不能独立存在，必须依附于一定的载体；价值性，信息是有价值的，而且可以增值；时效性，信息反映事物某一特定时刻的状态；共享性，信息可被多个信息接受者接收且多次使用。此外，信息还具有真伪性、不完全性、普遍性、增值性、传递性、可处理性等特征。

总之，信息是人们认识世界和改造世界的基础，也是通信和决策的重要依据。在现代社会中，信息的获取、处理和传递已成为人们必备的技能之一。

1.2.1.2 信息的分类

为了更好地理解和掌握信息的本质，可以首先将其分类，以便更有针对性地应用和处理不同类型的信息。

（1）按照信息的载体分类

①文献信息。文献信息是 2016 年公布的管理科学技术名词，它指

的是以文献为载体，通过查阅、阅读、研究、分析等方式，获取并利用文献中所蕴含的知识、数据、信息、观点、经验、事实等内容，帮助人们解决问题、创造知识、提高素质的一种信息类型。文献信息蕴含了大量的知识，这些知识是经过一定的整理、加工和提炼后形成的系统化体系。文献信息是通过一定的载体进行传递和利用的，如图书、期刊、报纸、会议论文等，具有一定的系统性，它可以按照一定的分类、主题、时间等方式进行组织和管理，方便人们查找和使用。

文献信息具有一定的价值性，它可以为人们提供参考、借鉴和启示，帮助人们解决问题、提高工作效率和创造力。同时，还具有一定的时效性，它所包含的知识和观点可能会随着时间的推移而发生变化或失效。

②口头信息。口头信息是指通过口头言语进行的信息交流和意见沟通，包括会议、讨论、报告、谈话、电话洽谈等方式。口头沟通可以充分利用语言、语调、停顿、表情等非言语形式来传递感情、提升沟通效果。口头沟通可以是两人之间的交谈，也可以是群体中的讨论或辩论，形式灵活多样，适应不同场景和需求，并且可以及时反馈信息，双方能充分地交换意见，具有立即反馈双向沟通的特点，有利于提高沟通效率。

然而，口头沟通过程中，信息从发送者一个个接力式地传递，存在较大的失真的可能性。每个人都可能以自己的偏好增减信息、以自己的方式诠释信息，使得信息在传递过程中容易失真。同时，口头沟通需要面对面进行，时间和地点可能受到限制，而且需要花费一定的时间和精力去安排和实施。此外，口头沟通缺乏正式的记录，不利于信息的整理和保存。如果没有及时记录，可能会遗忘某些重要信息。

总体来说，口头沟通虽然有一些缺点，但在实际工作中仍是一种非常实用的沟通方式。在应用口头沟通时，需要注意及时记录和整理信息，避免信息失真和遗漏，同时也要注意选择适当的沟通方式和时机，避免时间和精力的浪费。

③电子信息。电子信息是计算机技术、通信技术、多媒体技术和高密度存储技术迅速发展的产物，也是当今发展最快、最具应用价值和发展前途的新型信息源。它主要依赖于计算机技术和数字化技术，将文字、图像、声音、动画等多种形式的信息存储在非印刷型介质上，如磁介质和光介质等，然后通过计算机或其他外部设备进行再现。相比传统的信息源，电子信息源具有存储密度高、可反复读写、传输速度快、方便携

带等特点，因此在现代社会和科技领域得到广泛应用。

（2）按信息产生的客观性质分类

①自然信息。它包括自存信息和自为信息，如天气变化、地壳运动等自然现象以及地震、台风等自然灾害。自然信息是客观存在的，不依赖于人的主观意志和意识而存在。例如，太阳东升西落、四季交替变换、动物寻找食物等自然现象，都是自然信息客观存在的表现。它们的发生和传递往往是随机的，不受人力控制。又如，天气变化、地震等自然灾害，它们的出现和消失是随机的，我们无法准确预测，同时也处于不断变化当中，随着时间和空间的变化而变化。再如，地壳运动是不断进行的，地震的震级和震源深度也会随着时间的推移而变化。

自然信息往往依附于一定的物质载体而存在和传递，如地震波、电磁波等。可以通过人的感官直接感知或者通过仪器设备间接感知。例如，我们可以通过观察天气变化、听到雷声来感知天气信息，通过地震仪来感知地震信息。自然信息是一种客观存在的，具有随机性、动态性、依附性和可感知性的信息。它是人类认识自然、预防自然灾害和提高生存质量的重要手段。

②社会信息。社会信息是指在人类社会交往和互动过程中传递和共享的各种信息。它涵盖了个体或群体之间的信息交流、知识传递、价值观念、态度、观点、观察结果等，是形成和塑造个体和群体的行为、思维和社会关系的重要基础。

社会信息的特点多种多样，社会信息是社会成员共享的资源，通过交流、传播和共享，社会信息成为人们共同理解和遵守的符号系统，从而维系社会秩序和促进社会发展。它涵盖了各种类型和形式，包括语言、文字、图像、音频、视频等，同时又分为不同的层次和领域，如政治、经济、文化、科技、军事等领域的信息。

社会信息在人际交往和社会互动中产生和传播，同时社会信息也会影响和改变人们的互动关系和行为方式。社会信息不是静止不变的，而是随着时间和空间的变化不断演化和发展。同时，社会信息的传播和共享过程也是动态的，受到多种因素的影响。

在传播过程中，社会信息往往被符号化和意义化，从而形成了特定的文化、语言和价值观念等。社会信息是社会生活的重要组成部分，它具有共享性、多元性和多样性、互动性和双向性、动态性和演化性、符号化和意义化等特点，对社会的发展和进步起到重要的推动作用。

③机器信息。机器信息是指通过计算机系统生成、处理、传输和存储的数字化信息。它具有以下几个特点：机器信息以二进制或其他数字形式表示，包括数字、字符、图形、图像、音频和视频等多媒体形式。计算机系统具有高速的运算和信息处理能力，可以快速地处理和传输机器信息。通过计算机软件和网络，用户可以与机器信息进行交互，实现各种信息处理和应用。

机器信息是离散的，可以被计算机系统以二进制的0和1的形式存储和处理，方便用户进行信息的获取和使用。

机器信息可以涵盖各个领域，包括科学计算、数据处理、自动化控制、通信、娱乐等。机器信息在计算机科学、数字信号处理、通信、自动化等领域得到了广泛的应用，对现代社会的科技进步和发展起到了重要的作用。

④生物信息。生物信息是指生物在生命活动中产生的信息，包括基因信息、蛋白质信息、细胞信息、代谢信息、感知信息等。这些信息以不同的形式和方式在生物体内传递、调节和控制，从而维持着生物的生存、繁衍和适应环境的能力。

生物信息的特点有以下几个方面：生物信息的载体是DNA和蛋白质等生物分子，这些分子具有独特的结构和化学性质，能够存储和传递大量的遗传信息。生物信息的传递和调节具有高度时空性和复杂性，涉及多种细胞和分子之间的相互作用和调控。生物信息的感知和识别具有高度特异性，生物通过受体和信号转导机制识别和感知外界的信息，进而调节自身的生理和行为。生物信息与非生物信息之间存在着密切的联系，如生物感知环境变化、季节变化等信息，并作出相应的调整。生物信息具有多层次性和综合性，从基因信息到细胞、器官、个体、种群、生态系统等不同层次和尺度上传递和调控。生物信息的研究涉及多个学科领域，包括分子生物学、细胞生物学、神经科学、生态学等，用于揭示生物的奥秘和解决人类面临的生物医学、农业、环境等问题，具有重要的意义。

1.2.1.3 信息的属性

（1）客观性。信息的客观性是指信息是客观事物在人脑中的反映，信息是客观存在的，不依赖于人的主观意志和意识而存在。信息的真实性和客观性是其中心价值，不真实的信息可能具有负价值。信息是可能失真的，但失真的信息可能难以完全避免。因此，我们需要正确过滤和选择信息，以确保获得真实可靠的信息。

（2）识别性。信息的识别性是指信息是可以被人们识别和处理的。这个属性可以从两个方面来理解。一方面，信息是可以被直接识别或感知的。比如，我们通过感官可以直接感知到外界的信息，包括视觉、听觉、触觉、嗅觉和味觉等。这些感官提供的信息让我们能够直接认识和了解周围的环境和事物。另一方面，信息也可以通过间接识别的方式被获取和处理。这主要包括通过语言、文字、图像、数字等方式表达和传递的信息。这些信息可以在人们的交流和沟通中被识别和处理，从而帮助人们更好地表达自己的想法和意图，理解他人的意图和情感，以及更好地掌握和分享知识。

（3）传载性。信息的传载性是指信息可以传递，并且在传递中必须依附于某种载体。通常，载体可以是语言、文字、声音、图像等，也可以是用于承载这些信息的物质。在传递信息时，我们通常需要通过某种方式将信息从一个载体转移到另一个载体上。例如，我们可以通过口头语言或者书面文字来传递信息，也可以通过电话、广播、电视和互联网等媒介来传递信息。这些媒介充当着信息传递的载体，帮助我们将信息从一个地方传递到另一个地方。信息的传载性是信息的重要属性之一，它使得信息能够被人们有效地获取、共享和处理。

（4）相对性。信息的相对性是指不同的认识主体从同一事物中获取的信息可能不同。这与信息的客观性不同。客观性表明的是信息作为知识形态的一般特性，具有可靠性、完整性和及时性。而相对性则表明信息的另一面，即信息的多层次性和多主体性。即使同一事件或同一物体，不同的观察者或不同的认识主体所得出的信息也可能不同。这种相对性在社交、心理学、文化等多个领域都有所体现，也说明了信息的多样性和复杂性。同时，信息的相对性也提醒我们在获取、处理和使用信息时需要充分考虑其背后的社会文化背景和主体的认知特点，尽可能地减少主观偏见，提高信息的准确性、公正性和全面性。

（5）时效性。信息的时效性是指信息从源头发送到接收者手中，到被使用这段时间内的效率和接收使用的及时程度。它反映了信息的时间价值，即信息随着时间的推移其价值会发生变化。信息的时效性与其价值性密切相关，因为信息的价值与其相关性和有用性成正比，而这两者都会随着时间的推移而变化。例如，天气预报、股市行情、新闻报道等信息都是有时间限制的，如果不能及时获取或使用，信息的价值就会降低甚至失去。因此，在信息时代，快速获取和更新信息是非常重要的，这也是为什么现代通信技术一直在追求更快的信息传输速度。

1.2.1.4 信息的作用

信息作为一种资源，其核心作用是消除人们认识上的不确定性，提供智慧和知识。信息的价值不仅在于其内容本身，而且在于它能够引导人们的思想和行动，帮助人们做出决策、解决问题。在人类社会的发展过程中，信息同物质和能量一样重要。物质提供了生产所需的材料和资源，能量提供了推动生产进行的动力，而信息则提供了智慧和知识，帮助人们更好地理解和利用这些物质和能量。此外，信息也在推动科技、经济和社会的发展中发挥了积极的作用。在科技领域，信息可以帮助人们更好地理解和掌握新技术，促进科技创新。在经济领域，信息是决策和风险管理的重要依据，能够帮助人们做出明智的投资决策，提高经济效益。在社会领域，信息可以帮助人们更好地了解社会现象和问题，促进社会公正和发展。因此，信息的重要性不仅在于其本身的价值，更在于它对人类社会发展的深远影响。随着信息技术的不断发展和普及，信息的获取、处理和传播方式也在不断改进和创新，这将会进一步推动人类社会的进步和发展。

1.2.2 信息的度量

信息的度量可以通过信息熵来实现。信息熵是用来衡量信息的不确定程度的一个指标。在一个离散信源中，每个事件发生的不确定性与其出现的概率相关,概率越高的事件,其不确定性就越低,而概率越低的事件,其不确定性就越高。

消息中所含的信息量与消息出现的概率之间的关系应符合如下规律。

①消息中所含信息量 I 是消息出现的概率 $P(x)$ 的函数,即

$$I = I[P(x)]$$

②消息出现的概率越小,它所含信息量越大;反之,信息量越小。且

$$I = \begin{cases} 0 & P = 1 \\ \infty & P = 0 \end{cases}$$

③若干个互相独立的事件构成的消息,所含信息量等于各独立事件信息量的和,即

$$I[P_1(x_1) \cdot P_2(x_2) \cdots] = I[P_1(x)] + I[P_2(x)] + \cdots$$

可以看出,I 与 $P(x)$ 间应满足以上三点,则有如下关系式:

$$I = \log_a \frac{1}{P(x)} = -\log_a P(x)$$

信息量的单位与对数的底数 a 有关。若 $a=2$,则单位为比特(bit 或 b);若 a =e,则单位为奈特(nat 或 n);若 $a=10$,则单位为哈特莱(Hartley)。通常使用的单位为比特。

1.2.3 平均信息量

平均信息量也被称为信息熵,是信息论中用于度量信息量的一个概念。

具体来说,假设一个离散信源包含 n 种可能的不同符号,每个符号出现的概率分别为 P_1, P_2, $\cdots$, P_n,那么这个信源的信息熵计算方法如下:

设各符号出现的概率为

$$\begin{bmatrix} x_1 & x_2 \cdots & x_n \\ P(x_1) & P(x_2)\cdots & P(x_n) \end{bmatrix} 且 \sum_{i=1}^{n} P(x_i) = 1$$

则每个符号所含信息的平均值（平均信息量）：

$$H(X)=-\Sigma\,(P(x)*\log_2(P(x)))$$

其中，x 是随机变量 X 的值；$P(x)$ 是 X 取值 x 的概率。

这个公式表明，信息熵是每个符号概率的函数，且当所有符号独立且等概率时，信息熵最大。

在实际应用中，我们可以使用信息熵来度量一个信源的复杂度或者不确定性。例如，在自然语言处理中，我们可以通过计算一篇文章的熵值来判断其语言的复杂度。

1.3　数字通信系统主要性能指标

衡量一个通信系统的好坏时，必然要涉及系统的主要性能指标。这些性能指标可以反映系统的能力、效率和可靠性，是评估通信系统的重要依据。无论是模拟通信还是数字、数据通信，尽管业务类型和质量要求各异，但它们都有一个总的质量指标要求，即通信系统的性能指标。

1.3.1 一般通信系统的性能指标

一般通信系统的性能指标主要包括以下几类：

（1）有效性。衡量的是在给定的信道资源下，传输一定信息量所占用的资源，如频带宽度和时间间隔，或者说是传输的“速度”，包括码元传输速率、信号传输速度、频带利用率等。

（2）可靠性。指的是通信系统的传输质量。可靠性通常与设备可靠性、通信协议、网络拓扑、冗余设计、电磁环境等因素有关。在评估通信系统的可靠性时，通常会采用一系列性能指标，如故障率、平均无故障时间（MTBF）、平均修复时间（MTTR）等。

（3）适应性。衡量的是通信系统对环境使用条件的适应能力。通信系统的性能指标中的适应性是指环境使用条件。这个指标衡量的是通信系统在不同环境和条件下能否稳定运行。比如，一些特定的环境可能对通信系统的稳定性、抗干扰性、耐高温性等有着特殊的要求。在这些情况下，通信系统的适应性指标就变得非常重要。

（4）经济性。指的是成本的高低。这个指标衡量的是通信系统的建造成本、维护成本以及使用寿命等经济方面的因素。在通信系统的设计、优化和选型过程中，除了考虑系统的有效性、可靠性、适应性等性能指标外，还需要考虑其经济性指标，以确保在满足性能要求的同时，尽可能地降低成本。

（5）保密性。指的是通信系统是否便于加密。在通信系统的设计和使用过程中，保密性是一项重要的性能指标。为了确保通信系统的安全性，需要采取有效的加密措施，以防止信息被非法获取或利用。

（6）可维护性。指的是通信系统的使用、维修是否方便。这个指标衡量的是通信系统在出现故障或需要维护时，是否容易进行维修和保养。一个好的通信系统应该具有高度的可维护性，以便在发生故障或需要保养时能够快速、准确地完成维修和保养工作，从而降低系统的维护成本和减少停机时间。

1.3.2 通信系统的有效性指标

数字通信的有效性主要体现在传输速率和频带利用率两方面，传输速率越高，则系统的有效性越好。对于基带数字信号，可以采用时分复用（TDM）以充分利用信道带宽。数字信号频带传输，可以采用多元调制提高有效性。通常可从以下三个角度来定义传输速率。

1.3.2.1 码元传输速率 R_B

系统每秒钟传输的码元数目即为码元速率，又称传码率，计算公式为：

传码率 = 传输的总码元数 / 传输码元所需要的时间

数字信号一般有二进制与多进制之分，但码元速率 R_B 与信号的进制无关，只与码元宽度 T_B 有关。

$$R_B = \frac{1}{T_B}$$

1.3.2.2 信息传输速率 R_b

信息传输速率，简称为比特率（bit rate），是在通信系统中测量数据传输速率的一种常用单位。它指的是每秒传输的二进制比特数。在信息论中，比特（bit）是信息量的最小单位。一个比特可以被解释为两种可能性（通常被称为“0”和“1”）的平均信息量。在这种情况下，比特率可以定义为每秒传输的比特数。如果一个信源在 1s 内传输了 1200 个符号，而每个符号的平均信息量为 1 比特（1b），那么该信源的比特率或信息速率（R_b）就可以计算为：R_b = 1200 符号 /1s*1bit/1 符号 = 1200bit/s。

信息量和信号的进制数（或称模数）M 的关系，是信息论中的一个基本概念。在数学中，信息量通常被定义为对数尺度上的概率比值，即一个事件发生的概率与所有可能事件的比例关系。对于一个有 M 个可能性的离散随机变量，其信息量可以表示为对数尺度上的概率比值。

对于一个符号在八进制（或 2 的 3 次方进制）系统中的传输速率 R_b，每个符号可以携带 3 比特的信息。在八进制系统中，一个符号有 8 种可能的取值，因此其信息量可以表示为对数尺度上的概率比值 3，即 $\log_2(8)=3$。

当符号速率为 1200B 时，如果所有传输的符号都独立且等概率出现，那么每秒钟传输的信息量（或称信息速率）可以通过乘以每个符号的信息量来计算，即 $1200 \times 3=3600$bit/s。这是因为在每秒钟内传输了 1200 个符号，每个符号可以携带 3 比特的信息，所以每秒钟总共可以传输 3600bit 的信息。这种方法在通信系统中常被使用，可以更有效地利用信道带宽传输信息。

1.3.2.3 频带利用率 η

频带利用率通常被定义为每赫兹带宽每秒传输的码元数（或比特数）。这是一个非常重要的指标，因为在实际的通信系统中，带宽是一种有限的资源。在每赫兹带宽内，系统每秒可以传输的比特信息值越高，说明在给定的带宽内,该系统传输的信息量越大,也就是说,其传输效率越高。反之,如果频带利用率低,那么在给定的带宽内传输的信息量就少,传输效率也就较低。因此,频带利用率是评价一个通信系统性能的重要指标之一。频带利用率的定义是单位频带内码元传输速率的大小,即

$$\eta = \frac{R_B}{B}$$

频带宽度 B 的大小取决于码元速率 R_B,而码元速率 R_B 与信息速率有确定的关系。因此,频带利用率还可用信息速率 R_b 的形式来定义,以便比较不同系统的传输效率,即

$$\eta = \frac{R_b}{B} (\text{bps / Hz})$$

1.3.3 通信系统的可靠性指标

通信系统的可靠性指标主要是用来衡量系统在传输信息时的稳定性和可靠性,以及在各种条件下传输的质量。常见的可靠性指标有误码率和误比特率。误码率和误比特率是指通信系统在传输过程中接收方接收到的数字信号中发生错误的概率。它是衡量数字通信系统可靠性的重要指标,也是数据通信传输质量的主要指标。频率特性指标是描述通信信道在不同频率的信号通过以后,其波形发生变化的特点。频率特性指标主要包括带宽、通带、阻带和最大衰减等参数。带宽是指通信系统能够传输的信号频率范围,通带是指通信系统中信号能够顺利通过的频率范围,阻带则是指信号无法通过的频率范围,而最大衰减是指信号在通过通信系统后能量衰减的程度。

1.3.3.1 码元差错率 P_e

码元差错率 P_e 简称误码率,它是指接收错误的码元数在传送的总码元数中所占的比例,更确切地说,误码率就是码元在传输系统中被传错的概率。用表达式可表示成

$$P_e = \frac{\text{单位时间内接收的错误码元数}}{\text{单位时间内系统传输的总码元数}}$$

1.3.3.2 信息差错率 P_b

信息差错率 P_b 简称误信率,或误比特率,它是指接收错误的信息量在传送信息总量中所占的比例,或者说,它是码元的信息量在传输系统中被丢失的概率。用表达式可表示成

$$P_b=\frac{\text{单位时间内接收的错误比特数（错误信息量）}}{\text{单位时间内系统传输的总比特数（总信息量）}}$$

1.3.3.3 P_e 与 P_b 的关系

对于二进制信号而言,误码率和误比特率相等。而 M 进制信号的每个码元含有 $n=\log_2 M$ 比特信息,并且一个特定的错误码元可以有（$M-1$）种不同的错误样式。当 P_e 较大时,误比特率

$$P_b \approx \frac{1}{2}P_e$$

1.4　数字通信的应用及发展趋势

1.4.1 数字通信的应用

1.4.1.1 数字通信技术在光纤通信中的应用

数字通信在数字光纤通信领域中有广泛的应用。数字光纤通信系统是以光纤为传输介质传送数字信息的通信系统。它将数字信号转换为光信号,通过光纤传输到目的地,然后将其重新转换为数字信号。这种系统可以实现高速、远距离的数字通信,广泛应用于电信、数据通信和宽带互联网等领域。

（1）数字调制解调器。在光纤通信中,数字调制解调器是一种将数字信号转换为光信号并将其发送到光纤上的设备。数字调制解调器可以提供高速、可靠、安全的通信,同时也可以实现多路复用和加密等功能。

（2）数字信号处理。数字信号处理可以用于光纤通信中,包括信号的编解码、压缩、解压缩、加密、解密等。通过数字信号处理,可以实现

对信号快速、高效、可靠的处理和传输。

（3）数字光信号处理。数字光信号处理包括光信号的编解码、复用、解复用、调制、解调等。数字光信号处理可以提高光信号的质量和传输效率，同时也可以降低成本和能耗。

（4）数字光端机。数字光端机是一种将数字信号转换为光信号并发送到光纤上的设备。数字光端机可以实现高速、可靠、安全的通信，同时也可以实现多路复用和加密等功能。

数字通信技术在光纤通信中的应用可以提高通信系统的传输效率和可靠性，同时也可以降低成本和能耗，实现高效、安全、可靠的通信传输。

此外，数字通信技术在光纤通信中的应用离不开各种技术的支持，这些技术是构建现代化数字光纤通信网络的关键要素。例如，数字复用技术是一种将多个数字信号合并为一个高速信号的通信技术。它可以将多个低速数字信号转换为高速数字信号，然后通过光纤传输。数字复用技术可以提高传输效率和可靠性，同时降低成本。数字交叉连接是一种在数字信号级别上进行信号交叉连接的通信技术。它可以在不同的光纤传输路径之间实现灵活的信号交叉连接，从而提高网络的灵活性和可靠性。数字信号再生是一种在数字信号级别上对信号进行净化和优化的通信技术。它可以去除信号中的噪声和失真，提高信号的质量和传输距离。数字化光纤放大器是一种利用数字信号控制光放大器增益的通信技术，可以增加光纤通信系统的传输距离，提高可靠性，同时降低成本。

1.4.1.2 数字通信技术在微波通信中的应用

基于数字通信技术的微波通信系统广泛使用时分复用（Time Division Multiplexing，TDM）技术来提高传输介质的利用率，从而降低通信网络的建设和运行成本。时分复用技术是一种将多个信号按时间分割，然后合并在一起传输的技术。具体来说，如果有一个由 n 个信号组成的信号集合，那么这个集合可以在一个信道内以特定的时间间隔（即帧）进行传输。在每一个帧的时间内，信道会依次传输这 n 个信号。在接收端，会根据帧同步信号，将接收到的信号重新组合成原始的 n 个信号。

在微波通信系统中，使用时分复用技术可以将多个信号整合成一个多路信号进行传输，这样可以大大提高信道的利用率，从而降低了通信网络的建设和运行成本。此外，微波通信系统还可以使用码分复用（Code Division Multiplexing，CDM）技术。码分复用技术是利用不同的编码方式来区分不同的信号。这些都是数字通信技术中的关键技术，它们不仅可以提高通信网络的效率，也可以降低其建设和运行的成本。在现代通信网络中，这些技术被广泛应用，并且已经成为现代通信网络的重要基础。

（1）数字调制解调。在微波通信中，数字调制解调技术用于将数字信号转换为适合在微波频道上传输的信号，并在接收端将微波信号转换回数字信号。数字调制解调技术可以提供高效、可靠的通信，同时也可以实现多路复用和加密等功能。

（2）数字信号处理。数字信号处理可以用于微波通信中，包括信号的编解码、压缩、解压缩、加密、解密等。通过数字信号处理，可以提高微波信号的质量和传输效率，同时也可以降低成本和能耗。

（3）数字中继站。在微波通信中，数字中继站用于接收来自发射端的微波信号，对其进行处理后发送到接收端。数字中继站可以包括数字调制解调器、信号处理器、发射器和接收器等设备，以实现高效、可靠的信号传输。

（4）数字微波通信系统。数字微波通信系统是一种利用微波作为传输介质实现数字信号传输的通信系统。数字微波通信系统可以实现高效、可靠、安全的通信，同时也可以实现多路复用和加密等功能。

1.4.1.3 数字通信技术在卫星通信中的应用

传统卫星通信使用的频率范围相对有限，主要集中在微波波段。这使得传输带宽受到限制，并且可能存在与地面通信网络的频率冲突问题。虽然卫星通信具有较广的覆盖范围，但数据传输过程中可能会出现可靠性问题。例如，由于卫星的位置和传输路径的限制，数据传输可能会受到遮挡或干扰，导致通信中断或数据丢失。为了克服这些局限性，现代卫星通信正在研究和发展新的技术和方案，如更高频段的通信、使用更可靠的数据传输协议、更先进的卫星定位和跟踪技术、抗雨衰技术和更小巧、更高效的设备等。这些新技术和方案有望进一步提升卫星通信的性能和适应性,以满足现代通信的需求。

数字卫星通信系统是数字通信在数字卫星通信领域中的一种应用。数字卫星通信系统可以传输更高质量的音频、视频和数据信号,同时也可以支持更多的频带宽度,使得传输容量更大。数字卫星通信系统在传输过程中,可以减少噪声和干扰的影响,使得信号质量更高,同时也更容易进行加密和纠错处理。数字卫星通信系统可以通过多路复用等技术提高频谱利用率,使得同一频段可以支持更多用户同时通信。数字卫星通信系统可以支持音频、视频、数据等多种业务的传输,同时也可以实现多路用户同时通信,提高了通信的灵活性和可靠性。数字卫星通信系统可以通过增加更多的卫星资源,扩大通信容量和覆盖范围,同时也可以通过升级和改造现有设备,提高系统的性能和可靠性。

以数字卫星电视系统(DVB-S)为例,首先对数字信息进行压缩,通常采用MPEG-2方式,然后对压缩后的数字信息进行打包,以形成MPEG-2传输流单元。这些单元被复用,包括音频、视频以及多个电视节目流。然后使用QPSK进行数据调制,在这个阶段,数据进行前向纠错编码,以增加数据的冗余性,以便在接收端可以纠正少量错误。

1.4.1.4 数字通信技术在医疗行业的应用

数字通信在医疗行业的应用具有广泛的前景和深远的影响。以下是数字通信技术在医疗行业中的一些应用。

(1)远程医疗。数字通信技术可以用于远程医疗,包括远程诊断、远程会诊、远程监控等。通过数字通信技术,医疗专家可以与患者进行实时交流,为其提供更加便捷、高效的医疗服务。

(2)电子病历。数字通信技术可以实现电子病历的存储、传输和管理。通过电子病历,医疗专家可以更加方便地了解患者的病情和治疗情况,同时也可以实现医疗信息的共享和整合,提高医疗服务的效率和质量。

(3)医疗影像。数字通信技术可以用于医疗影像的传输、存储和管理。通过数字化处理,医疗影像可以更加清晰、准确地呈现患者的病情,同时也可以方便地实现医疗影像的远程会诊和交流。

（4）移动医疗。数字通信技术可以用于移动医疗，包括移动诊断、移动监测、移动治疗等。通过移动设备，医疗专家可以随时随地为患者提供便捷、高效的医疗服务，同时也方便了患者随时了解自己的病情和治疗情况。

（5）健康管理。数字通信技术可以用于健康管理，包括健康监测、健康咨询、健康指导等。通过数字设备，患者可以方便地监测自己的健康状况，同时也可以获得专业的健康指导和建议，提高自己的健康水平和生活质量。

总之，数字通信在医疗行业的应用可以优化医疗资源的配置、提高医疗服务的效率和质量、改善患者的就医体验等，为医疗事业的发展和进步提供了新的机遇和途径。

1.4.1.5 数字通信技术在其他行业中的应用

数字通信在其他行业中的应用也非常广泛，包括公共安全、工业自动化、智慧城市和金融、教育等行业。

（1）公共安全。数字集群通信在警察、消防员、救援人员和其他应急服务机构之间的通信中得到广泛应用。它能够实现快速、实时的协作和信息共享，以应对紧急情况。

（2）工业自动化。数字通信可以用于工业自动化领域，实现机器与机器之间的通信以及生产过程的自动化控制。例如，可以利用数字通信技术实现智能制造、智能物流。

（3）智慧城市。数字通信可以用于智慧城市建设，包括智慧交通、智慧能源、智慧环保、智慧安防等方面。通过数字设备和传感器，可以实现城市各种资源的数字化管理和智能化控制，提高城市管理和公共服务水平。

（4）金融行业。数字通信可以用于金融行业中的网上银行、电子支付、证券交易等方面。通过数字加密和安全协议，可以保障金融交易的安全性和可靠性。

（5）教育行业。数字通信可以用于教育行业中的远程教育、在线学习等方面。利用数字设备和教育资源，可以为学生提供更加便捷、高效的学习方式和更加丰富的教育资源。

数字通信在其他行业中也有广泛的应用,这些应用推动了行业的数字化转型和升级,提高了生产效率和服务质量,同时也为人们的生活带来了更多的便利和智慧化服务。

1.4.2 数字通信技术的发展趋势

未来数字通信技术将继续快速发展,不断演进和创新,为人们提供更加优质、智能和高效的服务,同时也将促进经济社会的高质量发展和进步。

1.4.2.1 通信技术成熟化

数字通信技术未来将会更加成熟,在稳定性、可靠性、易用性等方面将会得到进一步提升。同时,数字通信技术将会更加智能化,能够自动识别、处理和管理网络资源,提高网络资源利用效率。目前,我国对通信技术研究的投入力度很大,在通信技术研究中也取得了不错的成果。数字通信技术的发展速度很快,并且数字通信系统也在不断优化和完善。

(1)技术迭代。通信技术不断进行迭代更新,从 2G 到 3G,再到 4G 和 5G,传输速度从几百 kbps 到现在的几十 Gbps,从单一的语音通信到现在的数据、语音、图像等综合传输,通信技术不断成熟,满足人们对高速率、大带宽、低时延的需求。

(2)应用创新。随着通信技术的不断成熟,也促进了各行业应用的创新。比如,在医疗行业,远程医疗、移动医疗等应用逐渐普及;在交通领域,智能交通、车联网等应用逐渐成熟;在金融行业,移动支付、区块链等应用逐渐普及。

(3)基础设施完善。通信技术成熟也带动了基础设施的完善。包括光纤网络、5G 基站、数据中心等设施不断建设和升级,为各行各业提供了更好的数字化基础条件。

(4)安全性提升。随着通信技术的不断发展,安全性得到了大幅提升。从加密技术到访问控制,再到网络安全防护,都得到了不断完善和提升,有效保障了个人和企业数据的安全。

(5)虚实融合、虚实协同、以虚强实。数字通信技术将与实体经济深度融合,推动各产业全面加速数字化转型。虚实融合、虚实协同、以虚强实将成为未来数字经济发展的主要路线。

（6）硬件和芯片底层技术的突破。随着摩尔定律的发展，芯片容量和性能将不断提高。未来芯片架构将从当前 2D/2.5D Chiplet 架构向 3D Chiplet 演进，同时 SoW（System on Wafer）技术也有望在通信芯片中应用。硬件散热技术也将从设备级的风冷和液冷向芯片级的射流冷却以及硅基微液冷发展。

未来，通信技术将进一步向更高速度、更广覆盖、更智能化的方向发展，同时也会更加注重绿色和可持续发展，包括研究新一代网络架构和技术、推进卫星互联网和物联网建设、发展高效能计算和量子计算等前沿技术，不断提升通信技术的成熟度和竞争力。

1.4.2.2 光子技术逐步应用

光子技术是光的科学，它包括产生、传输、操纵和探测可见光和不可见光的技术。这个领域与许多日常生活服务和商品都有关，如激光雷达、3D 成像和 5G 通信等。光子技术是电子技术发展进步的一个方向，目前电子技术正朝着光子技术的方向发展。虽然电子技术有自身不可替代的特点，但是光子技术的高效率、高速度仍然是人们所追求的。

光子技术近年来得到了很大的发展。光子技术正在逐步改变我们的生活和工作方式，并且未来还有很大的发展潜力。例如，光子计算机能够实现基于量子物理学的计算，这是未来计算的大趋势。这种计算机能够通过操纵单个光子的量子态来完成运算，这比传统的计算机在处理某些类型的数据时更具有优势。在光子计算机领域，有一个被称为量子控制位的概念，这是实现量子计算的基础。

此外，光子技术也在其他领域有着广泛的应用。例如，光子学技术被广泛应用于信息的产生、获取、传输、交换与处理等各个环节。在深度融合的背景下，光子技术催生出了许多新的应用领域，如智能驾驶、智能机器人、新一代通信等，呈现井喷式的发展态势。

1.4.2.3 数字化水平提升

数字通信技术的发展和数字化水平提升有着直接关系。目前，数字

传输正向着容量大、速度快、距离长、数字化的方向发展。数字通信的数字化水平提升主要从以下几个方面进行:

(1)数字技术应用能力。数字通信技术的提升首先需要个体或组织具备熟练掌握数字技术的能力,包括数据获取、处理、分析、存储和传输等技能。数字技术应用能力的提高可以促进数字通信的数字化水平提升,使其具备更强的数据处理和传输能力,从而提高通信质量和效率。

(2)数字信息获取能力。数字通信技术需要具备获取各种数字信息的能力,包括图像、音频、视频等多媒体信息。数字信息获取能力的提升可以扩大数字通信的信息来源,提高信息获取的准确性和速度,从而更好地满足通信需求。

(3)数字文化认知能力。数字通信技术需要了解不同的数字文化背景和环境,以便更好地满足不同用户的需求。数字文化认知能力的提升可以帮助个体或组织更好地掌握数字通信技术的使用技巧和文化内涵,从而更好地推广和应用数字通信技术。

(4)数字安全意识和数据运营能力。随着数字化程度的提高,数字安全问题也日益突出。数字通信技术需要具备安全意识和数据运营能力,以保障通信的安全性和可靠性。个体或组织应通过培训、学习和实践提高数字安全意识和数据运营能力,确保数字通信的安全性和稳定性。

数字化水平的提升需要个体或组织从多个方面入手,包括提高数字技术应用能力、数字信息获取能力、数字文化认知能力、数字安全意识和数据运营能力等。这些方面的提升可以促进数字通信技术的发展和应用,帮助个体或组织更好地适应数字化社会的发展趋势,提高竞争力。

1.4.2.4 5G 技术升级改造

5G 技术未来将会进一步普及,同时也会在低延迟、大带宽、高速度和可靠性等方面进行升级和改进,以满足更多场景和应用的需求。

数字通信的 5G 技术升级改造主要包括以下几个方面:

(1)提升网络性能。5G 技术可以提供更快的数据传输速度和更低的延迟,从而提升数字通信的网络性能。利用5G技术对数字通信系统进行升级改造,可以使其具备更强的数据处理和传输能力,提高通信质量和效率。

（2）优化网络架构。5G技术采用了更加先进的网络架构,可以实现更灵活的网络组织和更高效的数据传输。通过将5G技术应用于数字通信系统,可以优化其网络架构,提升其传输效率和可靠性。

（3）增强安全性。5G技术采用了更加先进的安全机制,可以提供更高的安全性保障。通过将5G技术应用于数字通信系统,可以提升其安全性,防止数据泄露和攻击。

（4）促进物联网应用。5G技术可以支持更多的设备连接和更广泛的应用场景,从而促进物联网的应用和发展。通过将5G技术应用于数字通信系统,可以促进物联网与数字通信技术的融合,推动数字化和智能化的发展。

（5）加强与人工智能的结合。5G技术可以与人工智能技术相结合,实现更智能化的数据处理和应用。通过将5G技术应用于数字通信系统,可以加强数字通信技术与人工智能的结合,推动数字化和智能化的进一步发展。

（6）超高速率和超远距离传输。随着5G、6G以及数据中心业务的发展,网络流量将保持每年25%的增长速度,网络带宽实现3年翻番、10年超10倍增长。预计到2030年,交换芯片容量将超过400T,设备的系统容量将达到10P,实现超高速率和超远距离传输。

数字通信的5G技术升级改造需要从网络性能、网络架构、安全性、物联网应用和人工智能结合等多个方面入手,以促进数字化和智能化水平的提升,更好地满足社会发展需求。

1.4.2.5 物联网技术实现全面应用

数字通信技术未来将会更加智能化、高效化地支持物联网技术的应用,推动物联网技术的普及和发展。未来的数字通信技术将会有以下几个方面的改进和发展。

（1）更加智能化的通信协议和标准。数字通信技术为物联网提供了统一的通信协议和标准,使得不同厂商、不同型号、不同协议的物联网设备和系统能够相互兼容和相互操作，推动了物联网技术的普及和应用。例如，6LoWPAN、Zigbee、NB-IoT 等通信协议的制定和应用，使得各种智能家居、智能城市、智能农业等物联网应用得以实现。

（2）更加高效、高速的通信速率。未来的数字通信技术将会采用更加高效、高速的通信协议和传输介质，以实现更加快速、可靠的数据传输和信息交换。

（3）更加安全、可靠的通信机制。数字通信技术在推动物联网技术实现全面应用方面起到了重要的作用。数字通信技术为物联网提供了高可靠性、低成本、远距离的数据传输和信息交换方式，使得各种物联网设备和系统能够相互连接、相互交流、相互控制，实现更高效、更智能的生产、管理和服务。未来的数字通信技术将会更加注重安全性、可靠性方面的研究和应用。例如，未来的通信协议将会采用更加高级的加密技术和身份认证机制，以保护物联网设备和数据的安全，避免信息泄露和攻击。

（4）更加灵活、可扩展的通信模块。未来的数字通信技术将会采用更加灵活、可扩展的通信模块，使得物联网设备和系统能够更加方便地接入数字通信网络，实现更加高效、可靠的通信。例如，未来的通信模块将会采用更加灵活的接口和协议，以方便不同厂商、不同型号的物联网设备和系统能够快速、简单地接入数字通信网络。

（5）端到端网络切片技术。网络切片是一种将网络逻辑功能与物理硬件分离的技术，可以提供灵活和高效的网络资源分配和管理。未来，端到端网络切片技术将成为数字通信技术的关键技术之一，实现网络资源的灵活调度和优化利用。

总之，数字通信技术在推动物联网技术实现全面应用方面起到了重要的作用，它为物联网提供了高效、可靠、安全的通信方式和标准，推动了物联网在各个领域的应用和发展。

1.4.2.6 人工智能和大数据技术融合

人工智能和大数据技术未来将会与数字通信技术更加深度地融合，实现网络优化、智能管理和控制，同时也可以提供更加丰富的业务应用和创新服务。数字通信技术将会为人工智能和大数据技术的应用和发展提供更多的可能性和支持。

（1）数据传输和处理的优化。人工智能和大数据技术的应用需要大量的数据传输和数据处理。数字通信技术的不断发展和优化，能够提供更快速、更稳定、更安全的数据传输，同时也能够提高数据处理的速度和效率。这将为人工智能和大数据技术的实际应用提供更好的基础支撑。

（2）高性能计算和存储。人工智能和大数据技术的应用需要强大的计算和存储能力。数字通信技术可以提供更加灵活和高性能的计算和存储服务，如云计算、边缘计算等，这些技术能够大大提高人工智能和大数据技术的处理能力和效率。

（3）感知和识别能力的提升。人工智能和大数据技术的应用需要具备一定的感知和识别能力，能够对环境和数据进行识别、分析和处理。数字通信技术可以帮助实现更加准确、高效的数据采集、传输和处理，提升人工智能和大数据技术的感知和识别能力。

（4）应用场景的拓展。人工智能和大数据技术的应用场景不断拓展，数字通信技术可以帮助实现不同场景下的数据传输和处理，为人工智能和大数据技术的应用提供更广阔的发展空间。

人工智能和大数据技术未来将会与数字通信技术更加深度地融合，数字通信技术将会为人工智能和大数据技术的应用和发展提供更多的可能性和支持，这将有助于推动人工智能和大数据技术的快速发展和应用普及。

1.4.2.7 绿色可持续发展

数字通信技术的发展需要考虑可持续性和环保。未来数字通信技术将更加注重能源效率和环境影响，通过优化设计、高效算法和绿色材料等手段实现数字通信技术的绿色可持续发展。

（1）全球气候变化。随着全球气候变化的加剧，减少碳排放和能源消耗已经成为社会和行业发展的重要考虑因素。数字通信技术的发展需要考虑如何通过采用更环保的技术和优化算法，减少碳排放和能源消耗，为应对气候变化作出贡献。

（2）资源利用效率。数字通信技术的发展需要充分利用有限的资源,提高资源利用效率。例如,通过优化数据中心的设计和管理,可以减少能源消耗和提高计算效率,同时也可以减少对环境的影响。

(3)废弃物处理。在数字通信技术的发展过程中会产生大量的废弃物,如电子垃圾等。这些废弃物对环境造成了很大的污染。因此,需要考虑如何采用更环保的材料和处理方法,减少废弃物的产生和对环境的影响。

(4)用户需求。随着用户对环保和可持续发展的关注度不断提高,数字通信技术的发展需要考虑如何满足用户的需求。例如,用户会更加倾向于使用更加环保和可持续的数字通信产品和服务,这将推动数字通信技术的发展更加注重环保和可持续性。数字通信技术的发展需要考虑可持续性和环保,这不仅是社会责任的体现,也是未来数字通信行业发展的必然趋势。

第2章
数据通信基础

数据通信是通信技术与计算机技术相互融合而形成的一种新型通信手段。为了实现在两点或多点之间进行信息的传输，则离不开传输信道，按照传输介质的不同，可以分为有线数据通信和无线数据通信。但是，这两种方式均借助传输信道在计算机与终端间建立联系，从而实现计算机与计算机、计算机与终端或终端与终端之间的数据信息传递。

2.1 数据编码与数据传输

2.1.1 数据编码技术

2.1.1.1 数字数据用数字信号表示

（1）单极性码。单极性码是指在每个码元时间间隔中，如果存在电压（或电流），就代表二进制的“1”，如果没有电压（或电流），那么就代表二进制的“0”。码元时间的中间点为采样时间，判决门限为半幅度电压（或电流），代表0.5。如果接收到的信号处于0.5~1.0，则判定为“1”；如果接收到的信号处于0~0.5，则判定为“0”。

若在一个码元时间始终保持有效的电平，则其为全宽码，叫作单极性不归零码（Not Return Zero，NRZ），如图2-1（a）所示。若仅在部分码元时间内保持逻辑“1”，之后为电平“0”，叫作单极性归零码（Return Zero，RZ），如图2-1（c）所示。

（2）双极性码。双极性码是指在每个码元时间间隔中，如果存在正电压（或电流），就代表二进制的“1”，如果存在负电压（或电流），就代表二进制的“0”。正负幅度一致，因此被称作双极性码。和单极性码一样，若在一个码元时间始终保持有效的电平，这样的码就是全宽码，叫作双极性不归零码（NRZ），如图2-1（b）所示。若仅在部分码元时间内保持逻辑“1”和逻辑“0”的正、负电流，之后电平为“0”，叫作双极性归零码（RZ），如图2-1（d）所示。

双极性码的判决门限为零电平，若接收到的信号高于零电平，则判定为“1”；若接收到的信号低于零电平，则判定为“0”。若“0”与“1”以同样的概率存在，则该双极性码的直流分量为“0”。但是，当出现连“0”或者连“1”时，仍将包含很大的直流分量。在连“0”或者连“1”情形下，若线路长期保持一恒定电平，接收端不能有效地提取同步信息；

若线路电平发生变化，接收端能提取同步信息。

（3）曼彻斯特编码和差分曼彻斯特编码。曼彻斯特编码指的是在每个码元时间间隔中，每位中间都会发生一次电平变动，其中，从高到低的变动代表“1”，从低到高的变动代表“0”，如图 2–1（f）所示。

在曼彻斯特编码的基础上提出了差分曼彻斯特编码，每位中间也存在一个变动，不过并没有利用这一变动来代表数据，而是根据每个码元一开始是否存在变动来代表“0”或“1”。规定有变动代表“0”，没有变动代表“1”，如图 2–1（e）所示。

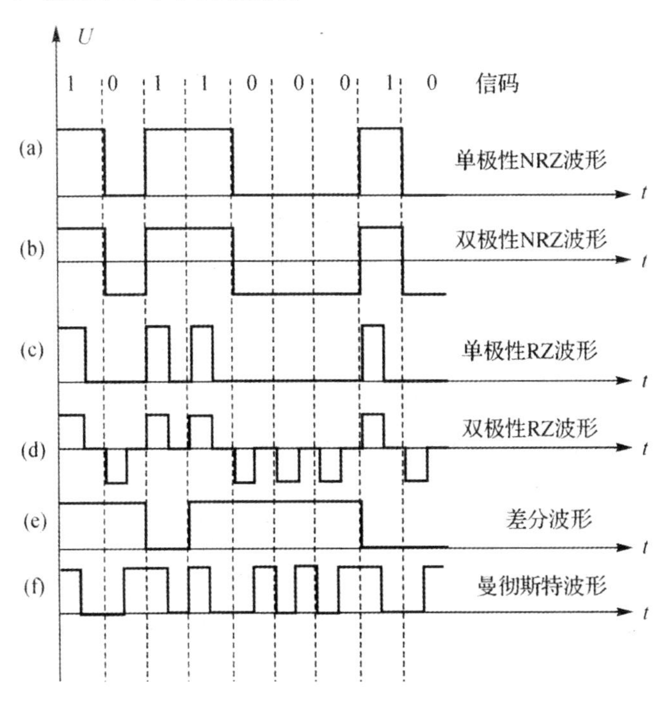

图 2–1　数字基带信号波形

曼彻斯特编码与差分曼彻斯特编码的每个码元中间都存在跳变，且无直流分量；当发生连“0”或连“1”时，接收端能根据每位发生的电平跳变获得时钟信号用于同步，所以它被广泛应用于计算机局域网中。其不足之处在于：采用曼彻斯特编码技术后，信号的频率成倍增加，相应地对信道的带宽提出了更高的要求。

2.1.1.2 数字数据用模拟信号表示

计算机中采用的是数字数据，当其处于电路上时，以两种电平的电脉冲表示，一种表示“1”，另一种表示“0”，将其作为基带信号。若要用模拟信道（如传统的模拟电话网）进行数字数据的传送，则必须先将数字数据转换为模拟信号，再由接收端进行还原。常用方法是选取适当频率的正弦波用作载波，通过数据信号的调整来改变载波的一系列特性（振幅、频率、相位等），实现数据编码，令载波上携带数字数据。承载数字数据的载波可以经由模拟信道传送，此过程叫作调制。从载波中提取数字数据的过程叫作解调。

（1）幅度调制。幅度调制也叫作振幅键控法（Amplitude Shift Keying，ASK），具体来说是根据数字数据的取值，使载波信号振幅发生变化。该方法操作简便，但抗干扰性不强，易受到增益波动的影响，调制效果不佳。

（2）频率调制。频率调制也叫作频移键控法（Frequency Shift Keying，FSK），具体来说是根据数字数据的取值，使载波信号频率发生变化，两种频率分别表示为“1”与“0”。该方法的抗干扰能力比调幅制强，不过占用频带较宽。

（3）相位调制。相位调制也叫作相移键控法（Phase Shift Keying，PSK），具体来说是利用载波信号的不同相位来表示二进制数。由于相位参考点有所不同，调相方式包括绝对调相和相对调相（或差分调相）。

2.1.1.3 模拟数据用数字信号表示

数字数据传输具有较高的传输品质，因为数据本质上属于数字信号，所以适用于数字信道的传输；另外，在实际传输时，还能将中继信号“再生”到合适的地方，避免了噪声的累积。所以，在计算机网络中，普遍采用数字数据传输。

为了将模拟信号进行数字化编码，必须对其幅度和时间进行离散化处理，最常用的方法是脉冲编码调制（Pulse Code Modulation，PCM）。采用脉冲编码调制的模拟信号数字传输系统如图 2-2 所示。

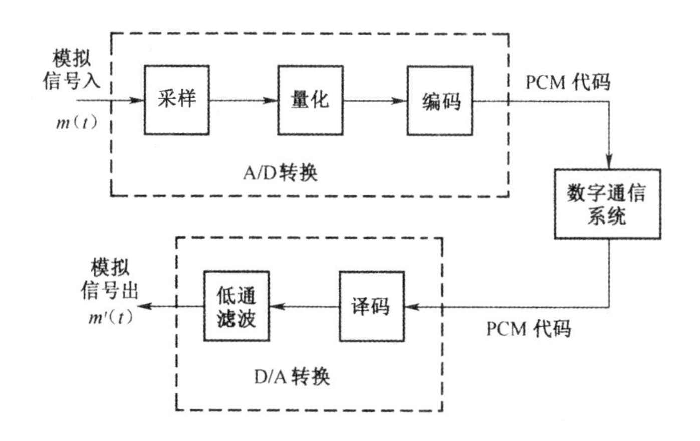

图 2–2　脉冲编码调制的模拟信号数字传输系统

采样就是把模拟信号转化为在时间上离散而幅度连续的信号，量化就是对采样得到的信号幅度进行离散化，最终对幅度、时间均呈离散的信号加以编码，从而获得相应的数字信号。采样、量化及编码过程如图 2–3 所示。

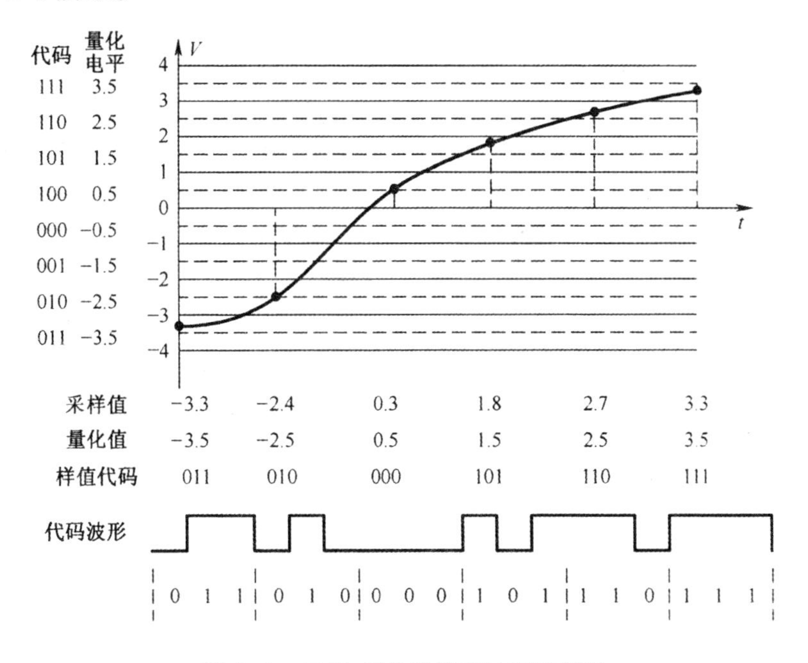

图 2–3　采样、量化及编码过程示意图

在数字化处理中，难免会产生一些误差。为此，在采样、量化、编码等环节必须采用相应的措施，以保证测量结果的准确性。

（1）采样。采样就是在固定时间间隔提取模拟信号的值，得到相应的幅度采样值，然后以这些采样值来表示原信号。

按照奈奎斯特采样定理，在进行模－数转换时，若采样频率高于信号最高频率的2倍，那么采样得到的数字信号能全部保存原始信号中的信息频率，也就是说

$$f_s = 1/T_s \geqslant 2f_m$$

式中，f_s 为采样频率；T_s 为采样周期；f_m 为原模拟信号的最高频率。

在数据通信实践中，采样频率一般是5~10倍于信号的最高频率。比如，在计算机中，语音信号的处理原理为：人类语音信号的频带范围是300~3400Hz，要使语音不发生改变，就必须使用6.8kHz或更高的采样频率。通常的音频采样频率是：8kHz、22.05kHz（调频广播的音质）和44.1kHz（CD音质）等。

（2）量化。由量化确定采样值所属的量级，并对其幅度根据量化级取整，最终令每一个采样值都被近似地量化到相应的等级。进行量化时，不可避免地会出现一些误差，将原始信号按照精度的不同划分为几个量化级，具体如8级、16级等。目前的数字音频系统通常划分为128个量级。

（3）编码。编码就是用对应的二进制编码来代表每一个采样位。当量化级是 N 个时，则二进制编码位数是 $\log_2 N$。若将PCM应用于语音数字化，则通常采用128个量化级，有7位编码。

脉码调制方式为等分量化级，在具体应用中，每次采样的绝对误差与信号幅度大小无关，是恒定的。所以，在幅度较小的区域，较易发生变形。目前，为控制整体信号不发生变形，通常采用非线性编码方法对脉码调制方式进行优化，即在低幅度部分采用更多的量化级，而在高幅度部分则采用更少的量化级。

2.1.2 数据传输方式

根据数据信号的传输模式和工作方式的不同，可以将数据传输方式分为以下几类。

2.1.2.1 并行传输与串行传输

根据数字信号码元传输顺序的不同，将数据传输分为并行传输、串行传输。

（1）并行传输。并行传输是指在多个并行信道上，同时分组传输数据，如图 2-4 所示。通常情况下，对于由多个二进制编码组成的字符代码，可以通过多个并行信道传输。

并行传输的不足之处在于，有多条并行传输信道，装置构成复杂，造价比较高，所以实际应用范围比较狭窄，通常只适用于设备距离较近的情况，如用于计算机或其他高速数字传输系统。在远程数据传输中，因所用通信线路的成本大幅上升，通常使用串行传输方式，尽管发送器和接收器的构成更加复杂，但总体成本却大幅下降。在多数数据通信系统中，串行传输较并行传输更佳。

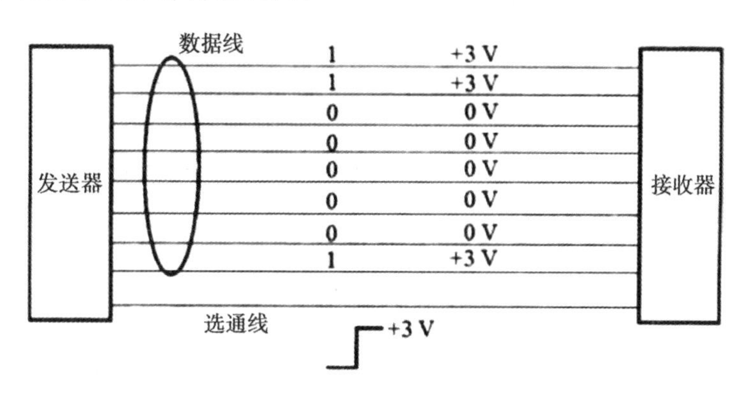

图 2-4　并行传输

（2）串行传输。串行传输是指构成字符的代码依次一位接一位地以串行方式在一条信道上传输，如图 2-5 所示。字符中的 8 位二进制码，按照从高位至低位的顺序传输，传输完一个字符后，接着传下一字符的二进制码，如此进行下去就构成了串行数据流传输。串行传输仅需一条信道，容易实现，成本较低，因此在远距离通信中被广泛使用。然而，在串行传输过程中，发送、接收双方必须要面对码组或字符同步的问题，接收方需要在收到的数据流中分辨出与发送方相同的全部字符，否则不能进行有效传输。

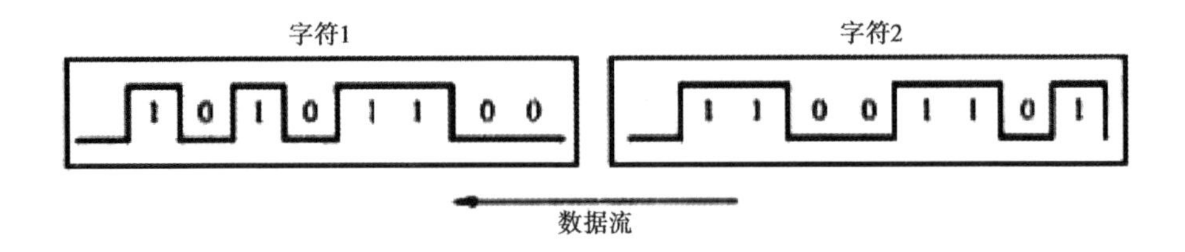

图 2-5　串行传输

2.1.2.2 单工传输、半双工传输与全双工传输

根据消息传送方向、时间的不同，将数据传输分为单工传输、半双工传输与全双工传输。

（1）单工传输。单工传输就是信息只可以单向传输，也就是说，通信系统的两端只有一个方向可以传输信息，一端固定为发送端，另一端固定为接收端，如图 2-6 所示。接收端可以将某些简单的控制信号传输到发射端。

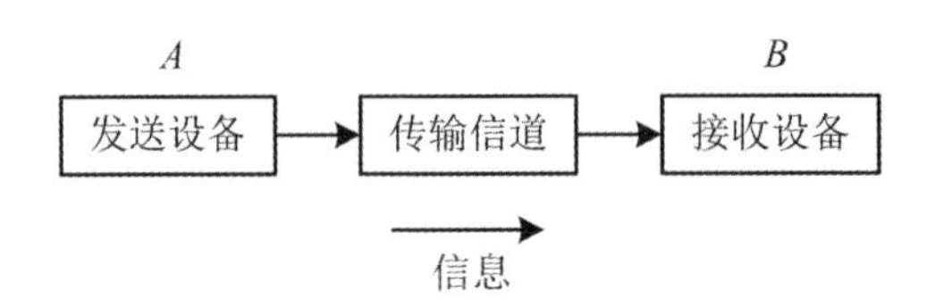

图 2-6　单工传输

（2）半双工传输。半双工传输就是通信双方都可以发送、接收信息，但是双方却不能同时发送或同时接收信息，而是一方发送，另一方接收，反之也能进行，如图 2-7 所示。也就是说，采用半双工传输方式进行数据传输，需要用到信道的全部带宽。

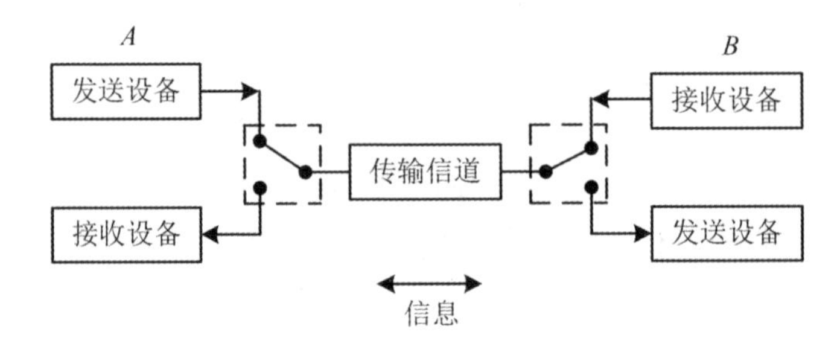

图 2-7　半双工传输

（3）全双工传输。全双工传输是通信双方能够在同一时间收发信息，如图 2-8 所示。

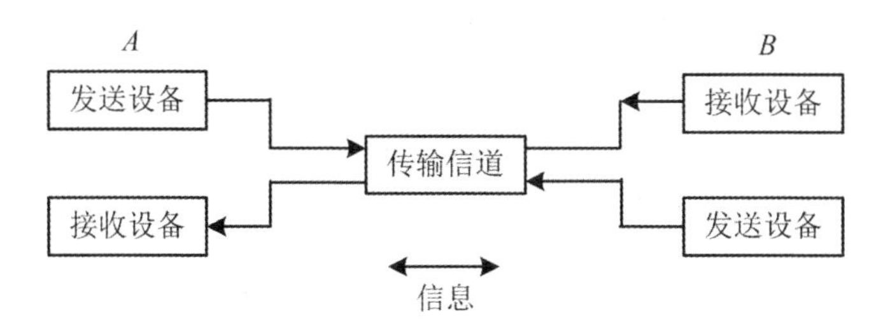

图 2-8　全双工传输

在实际应用中，一般采用四线线路进行全双工数据传输；采用二线线路进行单工或半双工数据传输。不难得出，双向同时通信是最有效的，特别适合计算机间的高速数据通信。正向信道传输速率较高，而反向信道传输速率较低。例如，收集气象数据这样的远程数据采集系统，这是由于此类数据采集系统，仅需将大量数据从一端传输至另一端，同时还需将少量的通信信号利用反向信道进行传输。

2.1.2.3 异步传输与同步传输

对于数据通信系统，发送端和接收端之间的同步是一个亟须解决的问题。通信系统是否能正常、有效地运行，与其良好的同步密切相关。如果不能很好地实现数据的同步，则会造成编码的错误增多，严重的甚至会影响到系统的正常运行。

根据字符同步方式的不同，将数据传输分为异步传输和同步传输。

（1）异步传输。异步传输是以字符为单位来发送数据信号，不同字符的传输完全异步，不同位的传输基本同步。电传机利用此方法进行传输。图 2-9（a）为异步传输示意图，不管字符的代码长度有多少位，每次传输一个字符代码时，则在字符代码之前加一个"起"信号，极性为"0"，其长度为传输一个码元的时间。在字符代码之后，一般要加上一个校验位(用奇偶校验)，再加上一个"止"信号，极性为"1"，作为字符的结束，其长度为 1 或 2 个码元的时间。可以连续传输字符，也可以单独传输。在不传输字符的情况下，持续发出"止"信号，即代表线路保持"传号"状态，当接收端接收到"起"信号时，它就明确地表示该字符的起始。

（2）同步传输。同步传输是按照一定的时钟节拍发送数据信号。ASCII 代码中的“同步字符”为 SYN 字符（0110100），以表示一帧的开始，“传输结束字符”为 EOT 字符（0010000），以表示一帧的结束，如图 2-9（b）所示。在同步传输中，以帧（数据块）为单位来发送数据，如图 2-9（c）所示，每一帧的开端和结尾都附上提前制定的起始序列和终止序列。

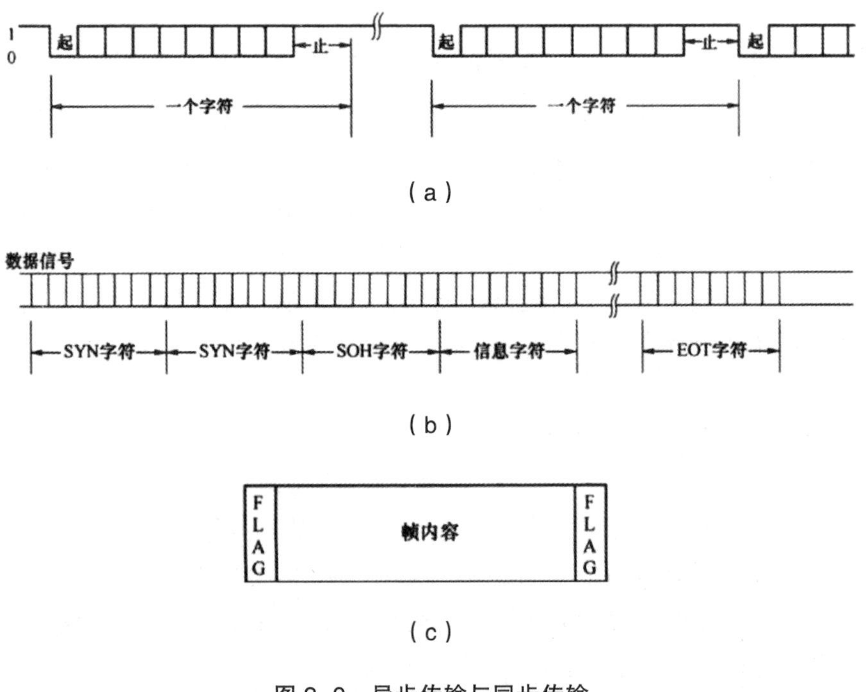

图 2-9　异步传输与同步传输

（a）异步传输；（b）字符同步；（c）帧同步

2.2　多路复用技术

在数据通信或计算机网络系统中，传送媒体的带宽或容量常常超出传送单一信号的情况，因此为了提高通信线路的利用率，需要在同一信道内传送多路信号,即多路复用(Multiplexing)技术。

2.2.1 频分多路复用

频分多路复用(Frequency-Division Multiplexing, FDM)是将信道分为不同频谱,多路基带信号被调制到不同频谱。不同信号不存在频谱上的重叠,即信号在频率维度正交,在时间维度重叠,能够同时在一个信道传送。具体来说,将可利用的信道频带划分为多个不重叠的频段(带),每个信号占据一个频段。在接收端,采用合适的滤波器将不同的信号区分开,然后分别解调接收。

频分多路复用技术的核心在于,对各路信号进行调制,使其频谱分布在信道不同的频带上,由接收端进行解调,还原为原信号。为了减少信号频谱迁移使信号产生的损失,多选择线性调制技术。图 2-10 显示了 FDM 的工作原理。

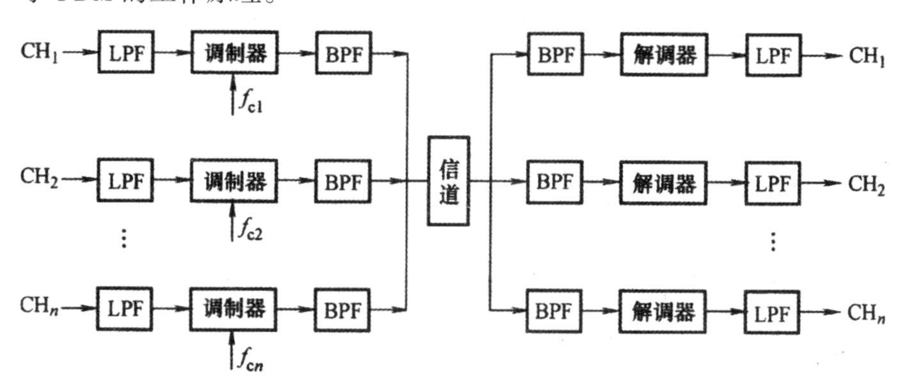

图 2-10 频分多路复用的工作原理框图

如图 2-10 所示,基带信号通过一种用于不同载频的低通滤波器(LPF)来对该载波进行线性调制。用这种方法,各路信号占据的频谱被分离;再通过带通滤波器(BPF)进行叠加,使之进入信道;在接收端中,采用一种带有通滤波器的方法,对各路信号进行解调,再经过低通滤波处理,最后再进行输出。由于 FDM 技术能够有效地减少单路数据的开销,因此被广泛地用于诸如长途载波电话、立体声广播、电视广播、卫星通信等的模拟信号传输中。

目前被广为使用的非对称数字用户线(ADSL)就是采用 FDM 技术。

它的基本原理是：在一对双绞线上实现非对称、高速率的数据传输，而不会对已存在的一般的电话业务造成干扰。由于该系统具有从网络到用户的高速下行信道以及从用户到网络的低速上行信道，因此在用户环路上有三个占据不同频段的信道，如图 2-11 所示。

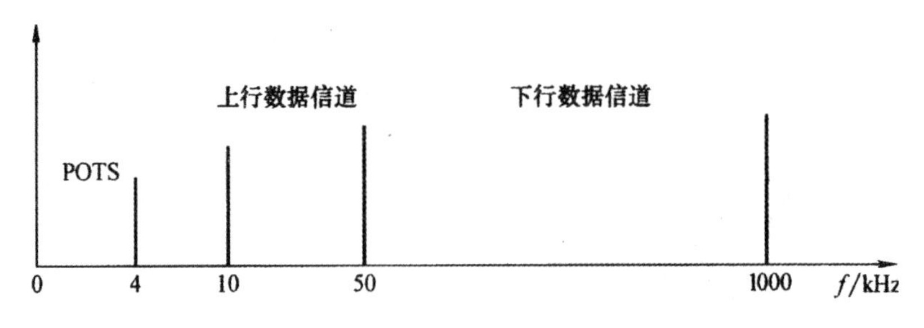

图 2-11　ADSL 的频谱分配

图 2-11 中，一般的电话系统（POTS）信道用以传送一般的电话业务；上行数据信道是发送控制和反向应答信道，其速率可以达到 384kbit/s，甚至更高；下行数据信道是用来传输高速数据，可达 1.692Mbit/s 或以上。

在实际应用中，FDM 一般采用多级复用。多路载波电话分群等级如表 2-1 所示。

表 2-1　多路载波电话分群等级

分群等级	容量 / 路	带宽 /kHz	基本带宽 /kHz
基群	12	48	60 ~ 108
超群	60=5 × 12	240	312 ~ 552
基本主群	300=5 × 60	1200	812 ~ 2044
基本超主群	900=3 × 300	3600	8516 ~ 12388
12MHz 系统	2700=3 × 900	10800	—
600MHz 系统	10800=12 × 900	43200	—

2.2.2 时分多路复用

时分多路复用（Time-Division Multiplexing，TDM）是把信道所占用的时间划分为一些小的时间片，即时隙，每个时隙作为一条时分复用信道，能传送一个用户信号。具体而言，每路信号在同一信道中占据各自的时间间隔得以传输。这便要求把时间划分为相同的时间间隔，把各路信号置于不同的时间间隔，实现分开传输。举例来说，以8000Hz采样的语言信号被以8000Hz的频率对经过脉冲编码调制的语音信号进行采样，即1/8000s采样一次，但是获取的采样值脉冲非常狭窄，仅占用该时段内很小的时隙。这样其他通路的采样数值脉冲就可以在剩余的时间里被插入。所以，通过对各路信号的传输时间进行合理的划分，就能实现相互隔离，互不干扰。

（1）同步时分复用。如果信道的最大数据传输速率超过或等于每路信号的数据传输速率之和，那么把所用信道的时间依据信号的路数划分为所需的时隙，并根据相应的规则向每路信号分配对应的时隙，该路信号仅在其对应的时隙中传输，这便为同步时分多路复用。

同步时分多路复用为不同低速线路分配时隙，每路信号的时隙是固定的。复用器按预定顺序依次从不同信道中获取数据，如同一个轮盘，在每个极短的时间内都仅有一路信号占据信道。根据所有时隙的顺序固定，则分路器能够按预定次序将复用信道中的数据提取出来，然后准确地传送到目的线路。在同步时分多路复用中，每条低速线路都有固定的时隙，而无论在这条低速线路上有没有数据传输，都不能占据其对应的时隙。但是，在计算机网络中，数据传输不是持续进行的，有显著的突发性，在某些低速线路中有可能较长时间都不出现数据。所以，在计算机网络中采用同步时分多路复用方式，既不能使信道容量得到最大限度的使用，还会导致通信资源的严重浪费。假设只专门在低速线路要发送数据时才为其分配时隙，那么信道利用率将得到极大的提高，这便是异步时分多路复用。

（2）异步时分复用（ATDM）。异步时分复用技术又称为统计时分复用（Statistical Time Division Multiplexing，STDM），可以在不同时刻根据需要对时隙进行分配，以防止在各时间段内产生大量的空闲时隙。

STDM仅在某路用户要传送数据的情况下才为其分配时隙。如果某路用户停止传送数据，就不会将时隙分配给它。线路中的空闲时隙由其他用户用来传送数据。

对于全部数据帧，除了末一帧以外，其余帧都不存在出现空闲时隙的情况，因此，在提高资源利用率的同时，还能提高传输速率。

异步时分多路复用技术要求在每个终端与线路接口位置都加入缓

冲存储和信息流控制两项功能，主要是为了解决用户终端对线路资源的竞争所造成的冲突。

2.2.3 波分多路复用

波分多路复用（Wavelength-Division Multiplexing，WDM）是将两个或多个光波长信号分别通过各自的光信道在同一光纤上传输信息。光频分复用与光波分复用并没有本质上的不同，这是由于光波作为一种电磁波，其频率与波长之间只有一种对应关系。实际应用中多认为，光频分复用是指光频率的进一步细分，光信道的密度很大；光波分复用是指光频率的大致划分，光信道之间的距离很大，甚至是在不同的光纤窗口上。

光波分复用技术通常在光纤两端分别安装波长分割复用器和解复用器（也叫作"合波 / 分波器"），其工作原理基本一致，可以对不同光波进行耦合与分离。光波分复用器可分为熔融拉锥式、介质膜式、光栅式和平面式四大类。用插入损耗、隔离度等参数来衡量光波性能。

当前，基于多路载波的光波分复用对光发射机、光接收机等装置的要求进一步提高，技术实现的难度也有所增加，而多纤芯光缆在传统广播电视的传输中并没有表现出明显的不足，所以 WDM 在这方面的需求并不多。另外，WDM 技术的特性与优点正逐步显露，在 CATV 传输方面显示出巨大的应用潜力，对 CATV 网络的发展模式产生深远的影响。

2.2.4 码分多路复用

码分多路复用（Code-Division Multiplexing，CDM）是基于扩频通信的一种载波调制与多址连接技术。比如，把宽带比作一座大房子，谁都可以进来，进入房子的人说的是完全不同的语言，他们能听懂与自己相同的语言，而其他人说的不同语言则造成了一定干扰。在这种情况下，房子里的空气就像是宽带载波，各种语言就像是不同编码，进入用户的数量受到背景噪声的影响。如果能合理控制用户的信号强度，那么就可以在保证通话质量的前提下，让更多的用户进入。

对于码分多路复用通信系统,识别不同用户发送信息使用的信号并非根据频率或时隙,而是根据信号的编码序列(或信号的波形)。通过频域或时域来看,不同的 CDMA 信号彼此重合。接收端借助相关器能够从不同 CDMA 信号中找到符合预设码型的信号。其余具有不同码型的信号无法被解调,此类信号就像在信道中引入了噪声和干扰,通常称为多址干扰。

2.2.5 空分多路复用

空分多路复用(Space-Division Multiplexing, SDM)通过将空间划分为多个信道,对频率进行再利用,可以显著扩大信道的容量。SDM 实质上是将多路不同波长的光信号在同一光纤内进行传送,其原理类似于频分多路复用。它的工作原理是先采集各个天线的信号,然后将其转化为数字信号,再存入存储器。空分多址处理器将分析采样数据,从不同方面来评估天线环境,明确用户、干扰源,并进行定位。处理器计算天线信号各种可能的组合方案,努力改善每个用户的信号接收质量,屏蔽其他用户信号的干扰,通过仿真运算,使得天线阵列能够选择性地将信号发送到空间。

要实现空分复用,必须要有较细的光纤或电线,在一条电缆中应容纳多条光纤或多对电线,这样不仅可以节约保护套的用料,而且方便使用。

空分多址系统能够显著扩大系统的容量,使得一个系统能够在有限的频段内供更多的用户使用,使频谱使用率倍增。

2.3 数据交换技术

根据数据传输的基本原理,可以实现点对点的数据通信,从而能够在两用户终端间进行通信。该点对点的数据通信方式,能够较好地满足进行连续通信的用户。然而,由于大部分用户的通信时间与业务量都很难预估,因此在各用户间建立一个固定的连接信道并不现实。因而,为了充分调动线路的利用情况,需要具备交换功能的通信网络将各终端连接在一起,也就是说,用户终端若要实现通信离不开交换技术。下面介绍几种常用的数据交换技术。

2.3.1 电路交换

电路交换(Circuit Switching)是在数据传输过程中,为需要建立通信的装置(站)搭建专用的电路连接,电路始终都被使用,直到数据传送完成,其他节点才能使用该电路。用电路交换技术实现数据传输,要经过以下三个阶段。

2.3.1.1 电路的建立

图 2-12 为电路交换网络示意图。图中的“H”代表需要进行通信的站点,叫作网站或端系统,通常为计算机或者终端。

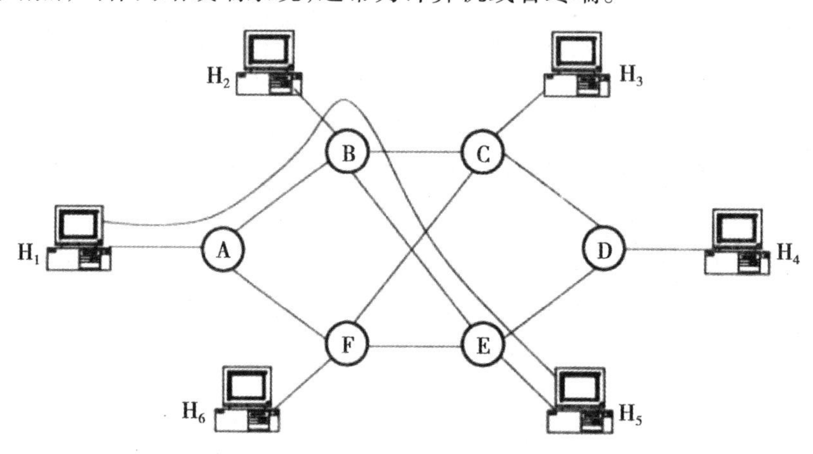

图 2-12 电路交换网络示意图

为了进行数据传输,源站点必须进行呼叫处理来建立一条站到站的传输电路。如图 2-12 所示,信源 H_1 向节点 A 发出一个连接请求(信令),申请建立与 H_5 站的连接。一般情况下,H_1 站至节点 A 之间的链路是一条专门的传输通道,这一段的物理连接早已形成。节点 A 需要寻找通往节点 E 的下一个路由。按照路径选择原则,节点 A 选择通向节点 B

的链路，为其分配一个未使用的信道（可使用复用技术），并且告知 B 其需要与节点 E 相连；B 又呼叫 E，然后建立电路 BE；利用节点 E 与 H_5 站连接。因此，在节点 A 和节点 E 之间存在一条专门的电路 ABE，以实现 H_1 和 H_5 两个站间的数据传输。

2.3.1.2 数据传输

在上面的示例中，当电路 ABE 被建立后，能够将数据从节点 A 经由节点 B 传输给节点 E，反过来，也能够将数据从节点 E 经由节点 B 传输给节点 A。此类数据传输中，通过各个中间节点时，基本上不存在延迟，而且由于是专用链路，也就不存在堵塞的问题，因此进行数据传输期间，所建立的电路都必须一直处于连接状态，除非由于偶然的线路或节点出现的问题而导致电路中断。

2.3.1.3 电路拆除

当数据传输完毕后，通过源站点或目标站点提出拆除电路的请求，每一节点断开相应的电路连接，并将原电路所用的节点与信道资源释放出来，空闲信道能被其他电路请求占用。

2.3.2 报文交换

为了解决电路交换技术存在的多类终端无法相互通信、电路利用率低、存在呼损等问题，提出了一种更加适应数据通信特性的交换方式——存储 - 转发交换。该交换技术不需要在通信双方之间建立物理信道，只需将全部的信道资源共享给需要的站点，有效增强信道的使用效率。

报文交换（Message Switching）的基础思路就是存储 - 转发，也就是把用户的报文存入交换机的存储器，等相应的输出线路处于空闲状态，把报文转发给合适的接受交换机或用户终端。报文交换不需要在用户间建立呼叫过程，没有相连的物理信道，并且在交换完成后无须进行电路的拆除。

图 2-13 所示为报文交换示意图，在报文交换网中，不需要在两站点间设置专门的物理信道，以报文作为数据传输单位，传输方式为存储 - 转发。若一个站点需发送报文，会在其中加上目的地址，传输过程中所经过的节点会按照报文中的目的地址，把报文转发给适当的节点，依次进行下去，直到报文抵达目的节点。当节点接收到完整的报文并且确认无误之后，将该报文进行临时存储，并根据路由信息确定下个节点的位置，并将全部报文转发至下个节点。在相同的时间范围，传输报文仅需要利用两个节点间的一条线路。通信用户之间的其余线路供其他用户传输报文使用，并不用如电路交换般利用端到端的所有信道。报文交换节点一般是一台小型计算机，其存储容量充足，可以缓冲收到的报文。

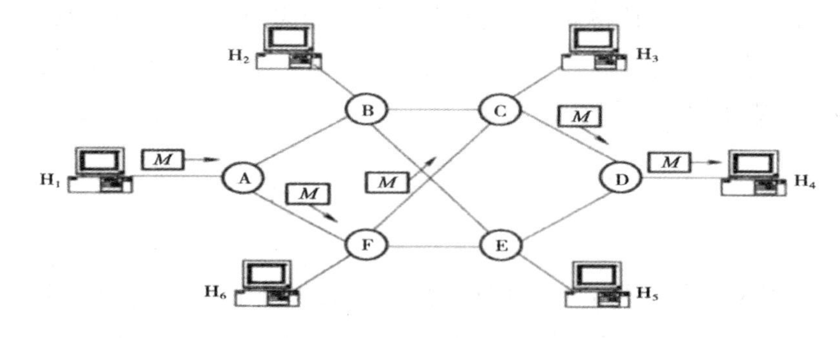

图 2-13　报文交换示意图

在报文交换技术中，各节点利用报文为单位来接收、存储和转发信息。其中，报文指的是站点单次传输的数据块，它的长度并不固定。

报文格式见图 2-14，它把用户数据信息蕴含在报文中，包含目的地址和控制信息，每个交换节点通过存储 - 转发的方式执行数据交换。

报文号	目的地址	源站地址	数据	校验

图 2-14　报文格式示意图

2.3.3 分组交换

分组交换（Packet Switching）也叫作报文分组交换，仍使用存储 - 转发模式。该技术对报文交换进行了改进，将报文划分为多个更短的、标准的分组，对分组的长度进行限制，这就导致对节点存储能力的要求进一步降低，分组可以在内存存储，有效地加快了数据交换的速度。数据和地址等信息都包含在每一个分组中。若仅从表面上看,它同报文交换的原理相似,但是通过对分组的长度进行限制,从而显著地优化了网络的传输性能。

2.3.3.1 分组复用传输方式

分组交换的核心思想就是为了实现通信资源的共享。通常情况下,终端速率要远低于线路传输速率,如果指定一条线路给该终端,将会造成巨大的通信资源浪费。所以,利用多路复用技术,在同一条高速线路上一起传输多个低速的数据流,能有效地提高线路利用率,最大程度地发挥出通信资源的价值。目前多路复用方法有多种,但从如何分配传输资源的角度,可以分成两类:一类是固定分配资源法;另一类是动态分配资源法。

采用固定分配资源这一方法,各用户的数据通过预定的子通路进行发送,并且接收端可以根据定时或频率的关系对其加以分辨,并划分为不同的用户数据流。采用统计时分复用这一方法,因为每一个终端的数据流均为动态随机传送,所以在接收端不能以定时或频率关系对其进行分辨和划分,而将每个用户终端的数据按某一单位长度进行随机交织传送。

2.3.3.2 分组的形成与传输

为了有效提高复用效率,需要根据长度对数据进行适当的分组。在分组交换中,数据信息封装为分组,再采用“存储 – 转发”的模式实现数据分组的传输。每个分组包括分组头以及在它后面的用户数据。分组头包括接收地址和控制信息,长度为 3~10B;用户数据所占据的长度通常是固定的,平均为 128B,如果线路质量好,还能设置为 256B、512B、1024B。传输至接收端后,按顺序将分组还原为报文。

2.3.3.3 分组交换的过程

在具体的通信过程中,分组是通过分组型终端或者专用的装置生成的。分组交换的过程如图 2-15 所示。

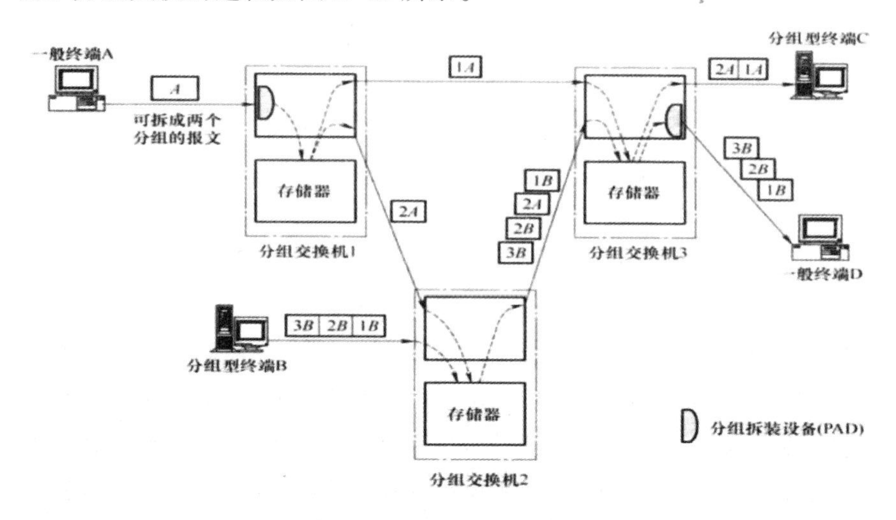

图 2-15　分组交换的过程

分组交换网的工作流程为：交换中心的交换机接收到分组后，先将分组进行保存，并按照分组中所包含的地址信息、线路的忙碌和空闲状态等，选择合适的路由，从而将分组发送至下个交换中心的交换机。重复这个过程，直到分组被传送到接收端的交换机。

2.4　差错控制技术

在数据通信中，对信息传输的可靠性提出了更高的要求，也就是误码率要尽可能低。但是，在信道传输中极易产生错误，从而产生误码。产生误码的原因较为复杂，但归纳起来包括两点。

（1）信道特性不理想导致的码间干扰。信道特性不理想会引起接收波形产生畸变（乘性干扰），接收端进行抽样判决产生一定的码间干扰，这可能会导致出现误码。采用均衡的方法能够减少甚至消除此类误码。

（2）信道内存在噪声导致的干扰。信道等噪声叠加到接收波形上，从而影响接收端信号的判断，如果受到较大的噪声干扰，这可能会导致出现误码。采用差错控制技术能够消除此类误码。

2.4.1 差错分析

（1）随机差错。随机差错也叫作独立差错，它是存在于随机通道中，相互独立、互不相关、零星发生的差错。在一般情况下，正态分布的白噪声造成的误码是随机的。

（2）突发差错。突发差错是存在于突发信道中，成串、成片的，相互关联、密集发生的差错。通常情况下，此类差错在较短的时间内会影响到其后的一串码，从而导致大量错码。产生突发差错的突发信道称为有记忆信道。

采用差错控制技术时，编码的设计和差错控制方式的选取均与差错类型相关，所以要针对错码的特性来着手设计编码，并选用合适的控制方式。然而，实际信道更为复杂，其中出现的差错并不是只有一种，而是随机差错和突发差错都存在，这就需要根据实际情况来采取合适的差错控制技术。

2.4.2 差错控制方式

在差错控制系统中，经常采用的差错控制方式可分为前向纠错、检错重发、混合纠错三种，如图 2-16 所示。

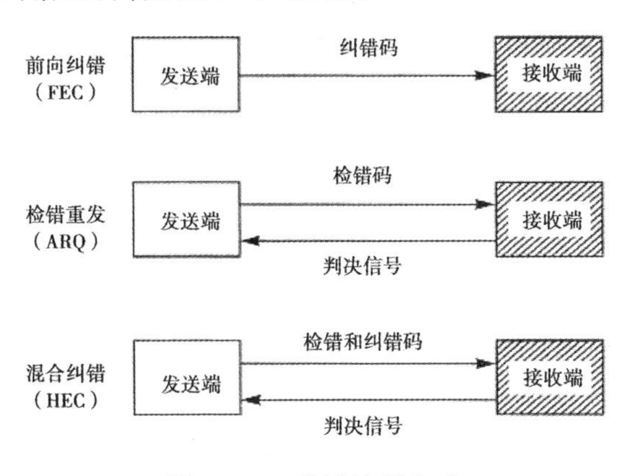

图 2-16　差错控制方式

（1）前向纠错（Forward Error Correction，FEC）。前向纠错也被称作自动纠错，其基本原理为，发送端的编码器对输入的一系列信息进行转换,使之成为具有纠错功能的码,而接收端的译码器则依据编码规则自动发现并纠正其中的错码。

前向纠错的最大优势在于,无须建立反向信道,具有自动纠错功能,无须重复发送检错,因此延时少,具有良好的实时性。该方法仅需要正向信道,尤其适用于仅有单向信道的情况,也适用于一点发送多点接收的传输方式。前向纠错的不足之处在于,存在大量监督码,传输效率低下,译码装置复杂。为了保证纠错后的差错率得到有效控制,纠错码必须具备良好的错误纠正能力。

(2)检错重发(Automatic Repeat Request, ARR)。检错重发也叫作自动反馈重发,其基本原理为,发送端使用一种可以检查错误的码,接收端按照编码规则检验传输中是否出现错码,并将判决信号借由反向信道传输至发送端。如果出现了错误代码,接收端向发送端反馈重新传输信号,直至接收端认为信息无误;如果没有错码,接收端向发送端反馈继续发送后续信号。

(3)混合纠错检错(Hybrid Error Correction, HEC)。混合纠错检错是一种把前向纠错与检错重发相结合的方法。发送端使用检错纠错码,接收端依据编码规则检验传输中是否出现错码,如果错码数量不多并且能够完成纠错,那么译码器会进行自动纠错;如果错码数量过多,已经不能完成纠错,仍可以实现检错,那么译码器就会自动地发送信号,并通过反向信道来控制发送端重新发送。该方法融合了前向纠错和检错重发的特点,可以在并不令人满意的信道中有效控制误码率。

2.4.3 常见的检错码

2.4.3.1 奇偶校验码

奇偶校验的规则是在发送的数据后添加一位冗余码,据此实现差错检测。若添加该冗余码后,全部数据中“1”的个数为偶数,相应的校验方法称为偶校验;若添加该冗余码后,全部数据中“1”的个数为奇数,相应的校验方法称为奇校验。举例来说,原始数据为1011100,则奇校验码是10111001,偶校验码是10111000。尽管奇偶校验能达到一定的差错控制效果，但其安全性并不高。该方法仅对一位数据存在差错的情况适用。若实际传输中偶数个数据位发生错误，接收端则不能检验出来。需要说明的是，利用奇偶校验码仅可检验出差错，而不能对差错进行纠正。然而，据统计，在低速率通信系统中，发送数据中 1 位误码发生的概率超过 95%，因而在低速率通信系统中具有很好的应用前景。

2.4.3.2 二维奇偶监督码

二维奇偶监督码又叫作方阵码，是指把传输的信息码按照特定的长度加以分组，并在每组码的后面添加一位监督码，最后在全部码组后添加一组与前面码组加监督码的长度相等的监督码组。就拿英文“code”来说，它的 ASCII 码组如表 2-2 所示。表 2-2 中，最右侧的一栏数码为所在 ASCII 码组的监督码，利用奇校验，也就是每一码组（包含监督位在内）“1”的数量为奇数，对每行的 8 位码进行模二加计算得到 1，该结果作为行校验码；最下面一行即监督码组，同样利用奇校验，每一列（包含监督位在内）“1”的数量为奇数，对每列的 5 位码进行模二加计算得到 1，该结果作为列校验码。

在接收端，误码检测器对接收到的码组排列矩阵，对每行每列加以校验。一般来说，每行每列的校验码都是 1。若出现误码，由表 2-2 中的阴影位置来看，原始的 0 码成为 1 码，那么第三行和第三列的校验码都成为 0，这样检测器就能判断误码的位置并对其进行纠正。

表 2-2　二维奇偶监督码示例

c	1	1	0	0	0	1	1	1
o	1	1	0	1	1	1	1	1
d	1	1	0	0	1	0	0	0
e	1	1	0	0	1	0	1	1
监督码组	1	1	1	0	0	1	0	0

利用二维奇偶监督码能够检验出码矩阵中的奇数个误码，也有可能检验出偶数个误码。尽管每一行的监督码不能被用来检测该行的偶数个误码，但是所在列有可能根据监督码组检验出偶数个误码。此类校验编码能够将误码率控制到原来的百分之一到万分之一。

2.4.3.3 循环冗余校验码

所谓的循环冗余校验（Cyclical Redundancy Check，CRC），具体是把帧检查序列（Frame Check Sequence，FCS）添加到每个数据块（称为“帧”）中。FCS 含有帧的所有信息，以便发送端和接收端检验帧的正确性。若数据存在差误，就需要重新发送。

利用循环冗余校验（CRC）能够检验数据传输中的差错，对数据采取多项式运算，并把运算结果添加在帧的后面，接收端进行同样的运算，从而能够确保数据传输的准确和完整。如果没有通过 CRC 的校验，那么说明数据传输中出现了差错。CRC 校验是当前数据链路层应用最为广泛的一种校验方法。

循环冗余校验的原理为，将 R 位监督码元加到 K 位信息码后面，总码长是 N 位，（N, K）码的最大特征在于，整个编码的长度是 N 位，而信息码的长度是 K 位，因此校验码（也称为“监督码元”）的长度为 $R=N-K$ 位。

例 2-1 假设进行的多项式运算为 $G(X)=X^3+X^2+1$，传输的信息编码为 101001，求编码之后的信息。

解：把该多项式 $G(X)=X^3+X^2+1$ 变换为相应的二进制除数 1101。除数是 4 位，校验码是 3 位。

R 是校验码位数，R 是 3 位，将信息编码 $G(X)$ 向左移动 3（R）位变为 101001 000，用多项式运算得到的二进制数对左移 3 位后的信息编码进行模二除法运算，如下所示：

```
              110101
        ______________
  1101 ) 101001000
         1101
        ______________
          1110
          1101
        ______________
           0111
           0000
        ______________
            1110
            1101
        ______________
             0110
             0000
        ______________
              1100
              1101
        ______________
               001
```

由以上运算步骤可知,循环冗余校验码是余数 001,因此经编码的信息是原来的信息加循环冗余校验码,也就是 101001001。

上面所说的都是一些常见的而且比较便捷的差错控制编码,除此之外,差错控制编码还有其他种类,如 BCH 码,其编码方式较为复杂,但是检测错误和纠正错误的能力也更加强大。

第3章 典型数据通信网

自从20世纪60年代出现数据通信后，该领域就步入了飞速发展阶段，不断涌现出新技术，这些新技术在实践中得到进一步的完善。数据通信网是数据通信发展的必然结果，作为现代信息网的重要组成部分，它在现代信息社会中的作用举足轻重。本章主要阐述了分组交换网、数字数据网络、帧中继网、综合业务数据网、异步传输模式的相关理论。

3.1　分组交换网

20 世纪 70 年代，分组交换网步入了快速发展时期，世界各国陆续组建了大量用于数据交换的分组交换网。1993 年，我国的公用分组交换数据网 China PAC 建成并投入使用，随着网络的不断发展，其覆盖了全国的省会、直辖市和地市，形成了全国范围的公用数据交换网。

3.1.1 分组交换网的基本结构

分组交换网是利用分组交换技术在连入网络的 DTE 间来传输和处理数据的通信网。其中，某一分组由源节点向目的节点传送时，除了采用分组在网络中通过节点的交换机间的通信协议外，还包括发送 DTE、接收站与相连节点的交换机间的通信协议。国际电信联盟电信标准分局（ITU-T for ITU Telecommunication Standardization Sector）针对分组交换网提出了诸多通信协议，X.25 则是应用最为广泛的标准，因此分组交换网也被叫作 X.25 网。

分组交换网的基本结构如图 3-1 所示。

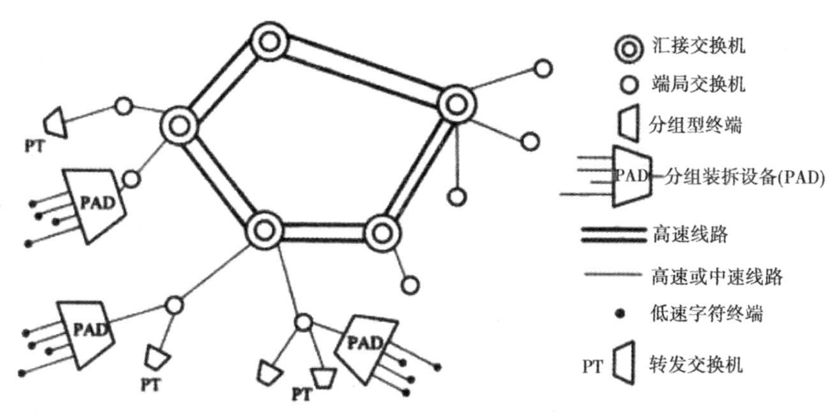

图 3-1　分组交换网的基本结构

（1）分组交换机。按分组交换机在网络中的位置，一般分为转接分组交换机（PTS）、本地交换机（PLS）、本地和转接合一交换机（PTLS）。PTS只用于局间转接，不接用户，具有较大的通信容量，可在单位时间内处理较多的分组，线路传输速率高，线路端口数多，路由选择性能强。PLS的大多数端口是用户端口，仅有一个端口发挥中继端口的作用与转接交换机连接，因此其具有较小的通信容量，单位时间内处理的分组数少，线路传输速率低，几乎没有路由选择性能。PTLS同时具备转接和本地接入两种功能。

（2）分组集中器。分组集中器（Packet Concentrate Equipment，PCE）也称为用户集中器，融交换功能和集中功能于一体。该设备可以把多个低速用户终端的数据集中起来，并通过一条高速线路连接到节点机，从而在线路方面节约了大量的成本，提高了线路的使用效率。分组集中器主要应用在用户终端数量不多的区域，以及用户相对密集、线路相对紧张的建筑或住宅区。

（3）网络管理中心。网络管理中心（Network Management Center，NMC）也称为网络控制中心，包括用于管理分组交换网的软件、硬件。它是为了确保网络系统持续运行，提高网络工作效率而建立的。它主要包括三个部分：网络管理机、网络终端设备和外围设备。

（4）数据终端。数据终端实际上是用户所用的通信终端，例如，计算机、打印机等。在分组交换网络中，数据终端有以下两种。

①分组型终端（PT）。PT所发送和接收的都为规格化分组，依据X.25协议直接与分组交换网连接。

②非分组型终端（NPT）。NPT没有X.25协议接口，形成的用户数据不是分组，无法直接与分组交换网连接，需借助分组装拆设备（PAD）加以变换，才能与分组交换网连接。

（5）传输线路。交换机间的中继传输线路包括PCM数字信道和模拟信道利用调制解调器转换的数字信道。用户线路包括数字数据电路和模拟电话用户线加装调制解调器。

（6）相关协议。分组交换网所用协议主要有X.25、X.75等。X.25协议是数据终端设备（DTE）与数据电路终接设备（DCE）间的接口协议。X.75是分组交换网相互连接时使用的网间接口协议。分组交换网的内部协议并未制定国际通用的标准，都是各厂商制定的。

3.1.2 分组交换网的编址方式

ITU-T 的 X.121 建议指定了公用分组交换网的编址方式。X.121 地址也叫作国际数据号码(IDN),具有可变长度,并且使用不超过 40 位的十进制数来表示各网络地址。在国内,现行的分组交换网的网址为 15 位十进制数,每位十进制数包括 4 个二进制位。图 3-2 所示为公用分组网的编址格式。

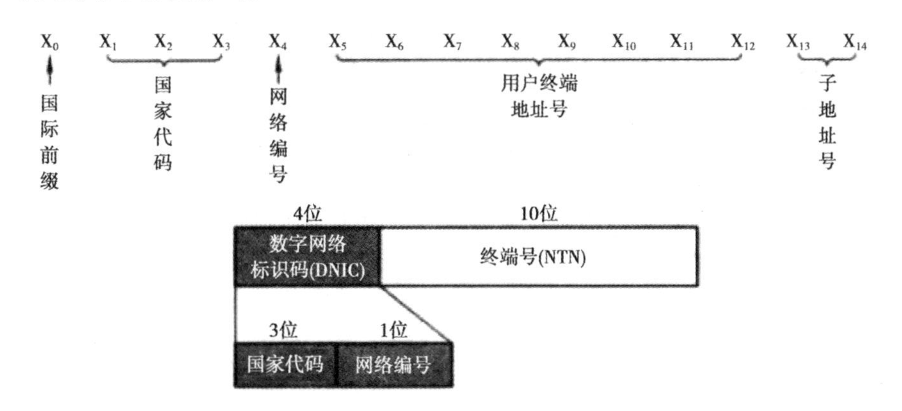

图 3-2 公用分组网的编址格式

网络地址 =P(1 位)+DNIC(4 位)+NTN(10 位),这里用 1 位十进制数字来表示 P(国际前缀),取值是 0;DNIC(4 位)= 国家代码(3 位)+ 网络编号(1 位);NTN(10 位)= 节点机编号(4 位)+ 节点机端口号(4 位)+ 子地址号(2 位)。

3.1.3 分组交换网的特点

3.1.3.1 分组交换网的优点

分组交换网具有以下优点。

(1)传输质量高。分组交换网运用存储 - 转发原理,不仅增强了系统的负载处理性能，而且还可以在用户间以不同的速率进行数据交互，因此降低了网络的阻塞概率。当然，分组交换网除了能够在节点交换机间传送分组时实现差错校验和重新发送外，还能够在用户线上对一些具有装拆分组功能的终端进行差错控制。分组交换网还具备较强的差错控制能力，从而极大地降低了网络中分组传输的差错率。

（2）网络可靠性高。在网络中选择传输路由来传输“分组”时，利用的是动态路由算法，也就是说，各分组能够自行选择传输路径，可通过交换机选出最优路径。因为分组交换机与其他两台以上的交换机相连，所以若网络中的一台交换机或中继线出现问题，分组可自行绕过出现问题的位置，再选择另一条路由传送，这样通信并不中断。

（3）线路效率高。利用“虚电路”技术，一条物理线路便能同时用于多条信息通路，可以进行多个呼叫，并可以共享用户动态。

（4）业务提供能力较强。分组网可提供永久虚电路（PVC）和交换虚电路（SVC）这两种基本业务，同时也提供任选的补充业务，包括闭合用户群、快速选择等。此外，为了更好地服务于大型团体用户，还推出了虚拟专用网（VPN）服务，使用者能利用公用网资源，把自有的终端、接入线路、端口等模拟为自身专用网，并且可以配备相应的网络管理装置加以管理。

3.1.3.2 分组交换网的缺点

分组交换网具有以下缺点。

（1）传输速率低。一开始构建的分组交换网以模拟信道为主，其传输速率通常不超过 64kb/s，仅适合于金融业务、计算机信息服务和管理信息系统等交互式短报文，不适合多媒体通信，也达不到专线速率为 10~100Mb/s 的局域网的需求。

（2）平均传送时延较高。分组交换网的网络平均传送时延通常约为 700ms，且时延波动大。

（3）传输 IP 数据包效率低。IP 包的长度远远大于分组交换网的分组，因此为了传输 IP 数据包，需要将 IP 分割为若干块，再封装入分组交换网的分组中，而 IP 包的字头可以占据 20B，这就造成了较大的开销。

3.2 数字数据网络(DDN)

3.2.1 数字数据网概述

20 世纪 70 年代,在数字数据系统的基础上形成了数字数据网(Digital Data Network,DDN)。它把数据通信与数字通信、计算机、光纤通信、数字交叉连接等技术相融合,构成了一种新的技术体系。与此同时,它的应用领域也从原来的仅提供数据通信业务扩展到可以提供各种业务。

DDN 是以数字信道传输数据信号的数字传输网,也是服务于专线用户或专网用户的基础电信网。利用 DDN 技术可以使用户具有速率为 200kbit/s~2Mbit/s 的半永久性连接的数字数据传输信道。

DDN 具有以下优点:

(1)传输速率高,网络时延小。DDN 是一种基于同步转移原理的数字时分多路复用技术,会按照提前选择的协议进行用户数据传输,在固定时隙通过提前设定的信道带宽、速率依次传输,从而能够依靠时隙确定对应的信道,把数据信息准确地传输至目标端。通过该技术获取的数据信息是按照一定顺序排列的,这样目标终端便不需要对其进行重组,降低了传输时延。

(2)传输质量好。DDN 的传输媒介以光缆为主,同时运用了再生中继技术,避免信道干扰发生重叠与累积,误码率低(不超过 10^{-10})。

(3)传输距离远。DDN 采用了数字中继再生技术,利用此技术可以实现跨地区、跨国传输。

(4)多协议支持。DDN 是支持任何协议、没有任何限制的全透明网,能够支持网络层以及其上的不同协议,提供数据、图像、声音等不同业务。

(5)传输安全可靠。DDN 一般建立在多路由网状拓扑结构上,因此当其中一个节点出现问题,导致网络阻塞或者线路中断的情况下,若不影响传输至目标终端的最后一段线路,那么节点将自动选择其他线路,从而保证数据通信的顺利进行。

(6)网络运行管理简便。在DDN中采用更加智能的数据终端设备进行检错、纠错,省去了一些在网络运行过程中对其进行管理和监控的工作,使用户管理网络更加简便。

3.2.2 DDN网络的结构

DDN网络由以下几部分构成。

(1)本地传输系统。本地传输系统包括用户设备和用户环路两大部分。用户环路具体指用户线和用户接入单元。常见的用户设备包括数据终端设备、个人计算机、电话机、传真机、局域网的桥接器和路由器等。用户线通常为市话用户电缆或光缆。常见的用户接入单元包括数据服务单元、信道服务单元和数据电路终接设备。

(2)DDN网络节点。网络节点是复用/交叉连接系统,其作用为进行通信线路的交接、调度和管理。网络节点包括复用系统和交叉连接系统两部分。其中,复用是指将不同信道的信号集中起来,共享一个物理传输介质;交叉连接是指支路之间相互交换。

(3)局间传输系统及网间互联。局间传输是节点间的数字信道以及每个节点与数字信道的不同连接方式所构成的网络拓扑。网间互联是不同DDN间的互联,以及与PSTN、LAN等的互联。

(4)网同步系统。DDN是一种同步的数字传输网,它要求整个网络的各个设备都要实现同步。网同步系统的作用为,借助有关技术为整个网络的设备提供同步工作的时钟,从而保证整个网络的设备都能同步工作。同步可分为准同步、主从同步和相互同步三种。准同步方式依据ITU-T G.811所规定的时钟,多用此法。主从同步方式利用将时钟的相位固定为主时钟的参数定时来实现同步工作。相互同步是不具备唯一参考时钟的同步方式。

(5)网络管理系统。DDN网络管理系统包括用户接入管理、网络资源的调度、路由选择、网络状态的监控、网络故障的诊断、告警与处理、网络运行数据的收集与统计等。

针对全国性的公共DDN,其网络管理系统采取分层管理的办法,在骨干网上建立一个统一的网络管理控制中心，对骨干网进行电路组织与调度。另外，在骨干网上也能建立多个与网管控制中心进行网管控制信息交换的网络管理控制终端，并在其权限之内完成网管控制。每个省级内部网可以建立自己的网络管理控制中心，对本省的网络电路进行组织与调度。

3.2.3 DDN 网络业务

DDN 可以为用户提供以下业务。

（1）专用电路。专用电路分为点对点的专用电路和多点专用电路。若用户占用一条点对点专用电路，那么 DDN 对两个用户建立一条双向的高速率、高质量的通信线路。点对点的模式可用于同步与异步通信中。当用户终端采用异步通信时，可实现的传输速率为 200kbit/s~19.2kbit/s。当用户终端采用同步通信时，可实现的传输速率上限为 2.048Mbi/s。多点专用电路又分为两种：一点对多点专用电路，即一个主站可对多个从站进行广播或轮询；多点对多点专用电路，可以实现多个点间的通信，如视频会议。

（2）帧中继。帧中继业务是将不同长度的用户数据段置于一个较大的帧中，并添加寻址、校验等信息，帧长度超过 1000B，可实现的传输速率为 2.048Mbit/s。

（3）压缩话音 /G3 传真业务。用户话音设备接入 DDN 话音接口完成模块转换、话音编码压缩和处理。在二端话音服务模块之间提供数字化信号的透明传输。

（4）虚拟专用网。用户通过租用部分公用 DDN 的网络资源建立自己的专用网，即虚拟专用网。其中，用户能够借助自己的网管设备来安排、管理所租用的网络资源。这种业务的服务对象为部门、行业或集团客户。通过 VPN 技术建立起内部的专用计算机网络，既能保证通信的安全可靠，又能减少不必要的投入，控制远程联网的成本。

3.3 帧中继网(FRN)

3.3.1 帧中继网络概述

帧中继(Frame Relay, FR)协议基于 OSI 参考模型的数据链路层,通常用于运营商网络中的广域网技术。如图 3-3 所示,在企业网络需通过帧中继技术连接到运营商网络时,企业总部与企业分支借助运营商的帧中继网络进行连接。

图 3-3 帧中继应用场景

帧中继协议是对 X.25 进行简化后的广域网协议,在控制层面能够实现虚拟电路的管理、带宽管理以及控制阻塞发生。

3.3.2 帧中继网的基本结构

按照网络的运营、管理方式和地域范围等的需要,帧中继网多为分级结构。以我国为例,帧中继网的拓扑结构包括三个层次,即国家骨干网、省内网和本地网,如图 3-4 所示。

第一级是国家骨干网,涵盖了分布在省、自治区、直辖市的帧中继骨干节点。北京、上海、沈阳、广州、武汉、成都、南京和西安的 8 个节点作为骨干枢纽节点，形成全网状结构，支持国内和国际长途电路的正常工作，处理骨干节点的业务和省内网、本地网的出口业务。

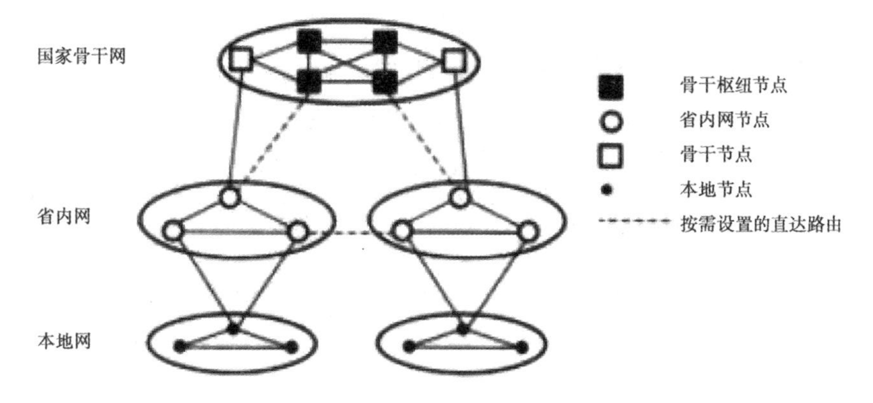

图 3-4　帧中继网的拓扑结构

第二级是省内网，涵盖了省内地市的节点，所有节点形成了不完全的网状连接，支持省内和出入省的长途电路的正常工作，处理其本地网业务和省内节点间的业务，并负责用户的接入。

第三级是本地网，省会、地区和县等能够按照需要建立本地网，通常形成了不完全的网状连接，负责用户的接入，处理本地网节点间的业务，其主要功能与省内网相同。

3.3.3 帧中继的网络接入

用户接入是构成帧中继网的一个必备要素，据此能够让用户终端与帧中继网相连接。由位于 UNI 接口的帧中继接入设备来完成用户接入，其接入示意图如图 3-5 所示。

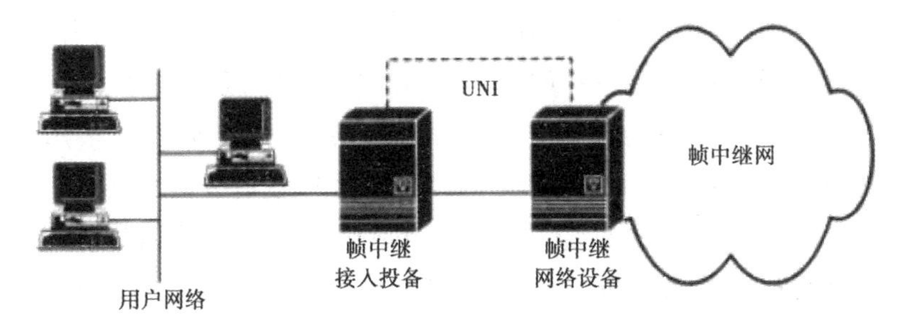

图 3-5　帧中继的接入模型

用户接入规程指的是帧中继接入设备接入帧中继网络过程中必须遵守的规程协议。ITU-T、ANSI 和帧中继论坛分别对用户—网络接口制定了帧中继接入规程标准，如表 3-1 所示。进行用户接入时，用户设备需按照与帧中继网络运行标准一致的规程。

表 3-1　帧中继接入规程标准

ITU-T	ANSI	FRF
Q.922	T1.617	FRF.1
Q.933	T1.618	FRF.4

3.4　综合业务数据网(ISDN)

3.4.1 综合业务数据网的基本概念

综合业务数据网(Integrated Services Digital Network，ISDN)是一种基于数字电话网 IDN 发展而来的通信网，可以建立端到端的数字连接，提供话音、非话音等不同电信业务。

ISDN 具有以下特点。

(1)端到端的数字连接。ISDN 作为全数字化的网络，其中所有信号的传输和交换都采用数字形式。具体来说，不管原始信号是话音、文字、图形和数据中的哪种形式，均须由发端用户终端转换为数字信号，再由数字信道传输至 ISDN 网，最后通过网络将数字信号传输至接收端的用户终端。

(2)综合的通信业务。ISDN 不仅能够提供当前各类通信网的所有业务，还能提供其他新业务，如数字电话、传真、电视会议等。

(3)标准的入网接口。ISDN 为用户开辟了一组标准的多用途用户—网络接口，也叫作入网接口。各种业务和终端能够由相同接口接入网。因此，ISDN 的不同业务均能运用单一的号码。入网接口的标准化有助于增强终端设备的可携性，还能使网络管理工作趋于简单化。

3.4.2 ISDN 的业务

ISDN 可以提供以下三类业务。

（1）承载业务。承载业务指的是通过网络进行单一的信息传递业务。ISDN 采用电路交换方式或分组交换方式实现信息在用户—网络接口间的透明传输。其包含了 OSI 参考模型 1 ~ 3 层的功能。

（2）用户终端业务。用户终端业务指的是利用人与终端的接口来提供以用户为中心的应用业务，如数字电话、智能用户电报、传真、可视图文等。这不仅体现了网络的信息传输能力，而且还体现了终端设备所具备的功能。其包含了 OSI 参考模型 1 ~ 7 层的全部功能。

承载业务和用户终端业务是从不同的角度定义的。由网络具备的信息传输或交换功能这一方面入手，对承载业务加以界定；由用户传递的信息类型这一方面入手，对用户终端业务加以界定。图 3-6 显示了承载业务和用户终端业务的业务范围和功能。

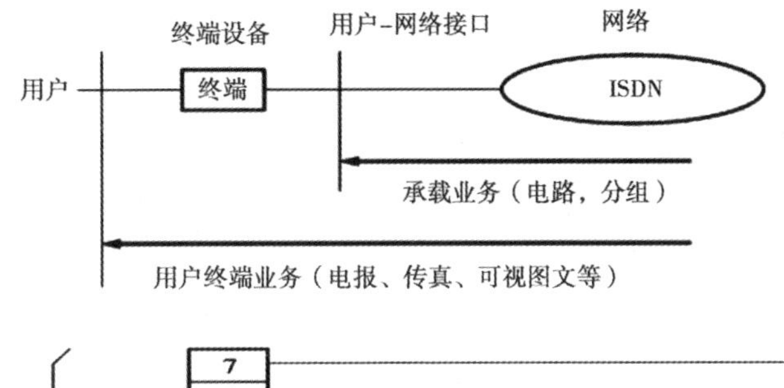

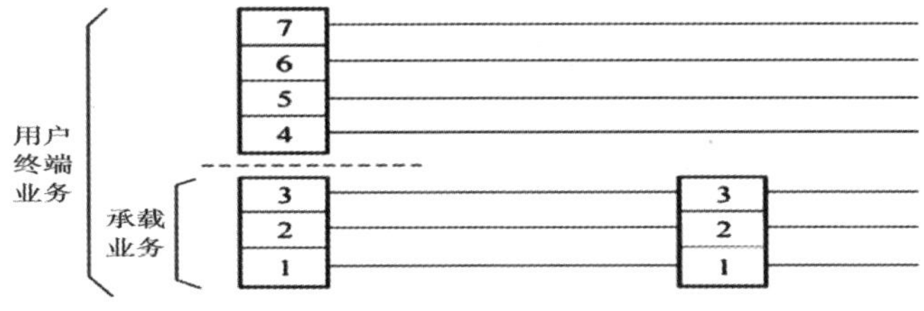

图 3-6　ISDN 承载业务和用户终端业务

（3）补充业务。补充业务又称为附加业务，它是在提供承载业务或用户终端业务的同时，由网络所提供的附加业务。补充业务不属于独立的服务，也就是说，它不能独立地为用户服务，而只能与基础业务同时进行。

3.4.3 ISDN 的网络结构

ITU-T 所制定的 I.300 建议中，清晰地介绍了 ISDN 的网络结构，如图 3-7 所示。

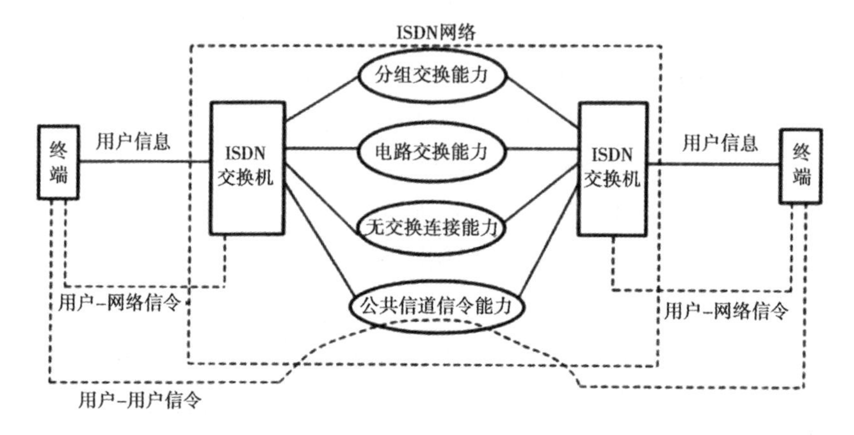

图 3-7　ISDN 的网络结构

为了更好地承载各种业务，ISDN 能够发挥各种功能，具体有电路交换能力、分组交换能力、无交换连接能力和公共信道信令能力。如果某些增值业务要求较高层次的网路功能，则由 ISDN 内部或独立的服务中心来实现。

ISDN 有三种信令能力，即用户—网络信令、网络内部信令和用户—用户信令。上述三者的使用范围有所不同：用户—网络信令对用户终端和网络间的数据传输进行控制；网络内部信令对交换机间的数据传输进行控制；用户—用户信令可以直接通过网络对不同用户终端间的数据传输进行控制。

3.5　异步传输模式(ATM)

3.5.1 ATM 的基本概念及信元

3.5.1.1 ATM 的基本概念

电信网主要包括传输、复用、交换、终端等环节,其中前三个环节合称传递方式(又称为“转移模式”)。常用的传递方式有以下两类。

(1)同步传递方式(Synchronous Transfer Mode, STM)。利用时分复用模式,不同信道的信号均根据一定的时间间隔周期性产生,接收终端能够借助时间进行信号识别。

(2)异步传递方式(Asynchronous Transfer Mode, ATM)。利用统计时分复用模式,不同信道的信号并不会周期性产生,接收终端能够借助标志进行信号识别。

对 ATM 的理解如下:ATM 属于转移模式,在该模式中信息以固定长度的信元存在,某用户发送的一段信息所包含的信元不用周期性地出现,由此能够发现, ATM 利用统计时分复用,其中的信号不会以特定的时间间隔周期性地出现,需要通过标志来识别信道中的信号。由于统计时分复用又称为异步时分复用,因此 ATM 是异步的。

ATM 的基本过程如下:将数字化的语音、数据、图像等各类信息处理为一定长度的数据块,每个数据块叫作单元,每个单元都注明地址的单元字头,就能将其置于通路中得以传输,简而言之,就是利用信息单元实现定向的信息转移。

STM 是一种多路传输技术,它是通过帧内时隙之间的相对位置来确定通道的。ATM 通过在单元头中的标志来标识通道(标志复用)。图 3-8 显示了 STM 与 ATM 在时间上的差异。

多路复用结构的同步转移方式（STM）必须保证帧周期不变，例如，脉冲编码调制（Pulse Code Modulation，PCM）的帧周期为125μs。STM依据时隙在帧内的相对位置识别信道。ATM依据单元头中的标记符识别信道。图3-8为STM和ATM的时分方式的示意图。

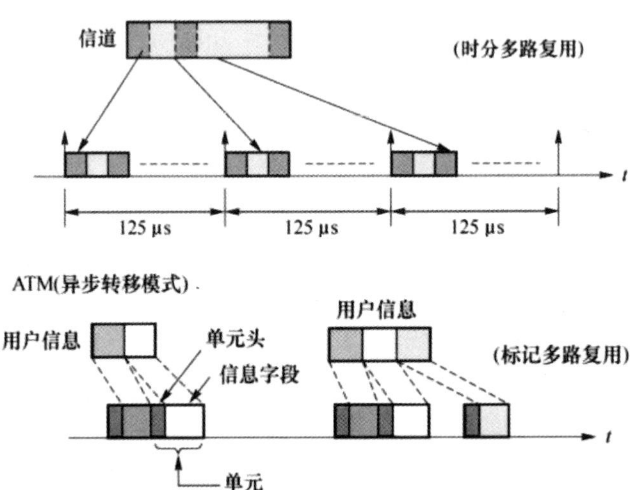

图3-8　STM和ATM的时分方式

3.5.1.2 ATM信元

（1）ATM信元结构。ATM中的信元长度是恒定的，在全面分析传输效率、时延和系统实现的复杂程度的基础上，国际电报电话咨询委员会（International Telegraph and Telephone Consultative Committee，CCITT）提出ATM的信元长度为53字节。

图3-9为信元结构的示意图。位于前端的5个字节叫作信头，含有所有控制信息，包括明确信元传输方向的逻辑地址、维护信息、优先级和信头的纠错码；位于尾端的48个字节为信息段，含有不同业务中的用户信息。不同业务中所用的信元格式相同。

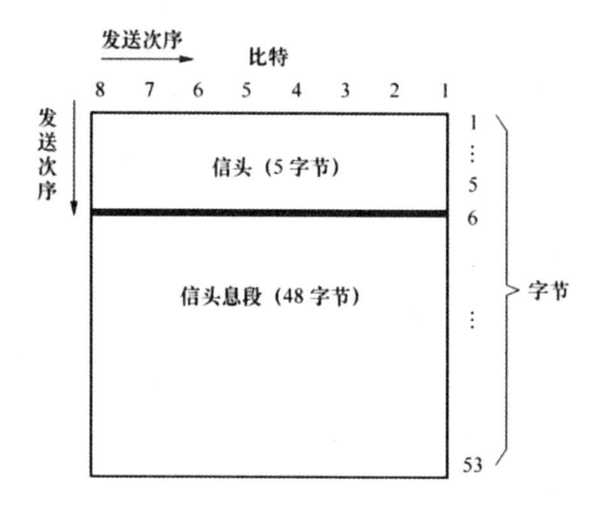

图 3-9　ATM 信元结构

（2）ATM 信元的信头结构。ATM 信元的信头结构包括两种：用户—网络接口处的信头（UNI 信头）和网络节点接口处的信头（NNI 信头），见图 3-10。

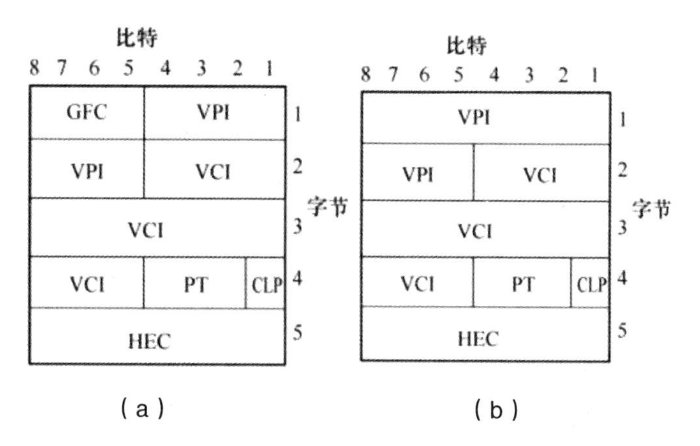

图 3-10　ATM 信元的信头结构

（a）UNI 的信头结构；（b）NNI 的信头结构

GFC—流量控制；VPI—虚通道标志符；VCI—虚通路标志符；

PT—信息域的信息类型；CLP—优先级比特；HEC—信头校验码

3.5.2 ATM 基本工作原理

3.5.2.1 异步时分复用

不同信源中的信息信元通过异步时分复用来实现复用，包含相同标志的信元在信道中没有不变的时隙，同时也不会周期性出现。换言之，应根据具体需要为信息分配时隙，并依据信头中的标志对信息加以识别。

ATM 进行复用的过程中，时隙不是进行固定分配，而是非周期性的信元复用，因此其带宽分配处于动态。该模式多用于不固定数据的传输，具体来说，当信源发出大量信息时，便向它分配较多的信元；当信源发出较少的信息量时，便向它分配较少的信元；当信源没有发出信息时，则不分配信元。

3.5.2.2 ATM 虚连接

ATM 中还使用了面向连接技术。面向连接的特征为：完整的通信需要通过建立电路连接、数据传输、电路连接的拆除这三个阶段得以实现。ATM 中的电路连接为虚电路的连接，即虚连接，通过虚通路（VC）与虚通道（VP）共同完成。

（1）虚通路（VC）和虚通道（VP）。VC 用于表示 ATM 信元的单向传输能力，作为传输 ATM 信元的逻辑信道，又叫作子信道。VP 同样可作为传输 ATM 信元的逻辑子信道。

VC、VP 与物理媒介间的关系如图 3-11（a）所示，VP 与 VC 的时分复用关系如图 3-11（b）所示。

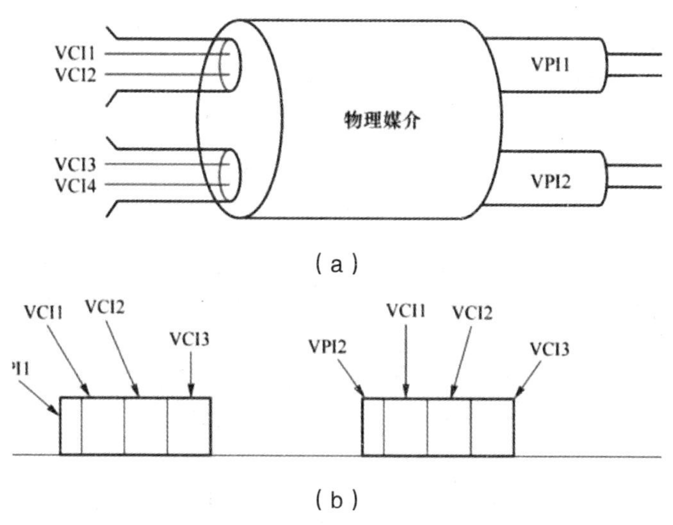

图 3-11　VC、VP 相关关系示意图

(a)VC、VP 与物理媒介关系示意图;(b)VC 与 VP 时分复用关系示意图

(2)虚通路连接(VCC)和虚通道连接(VPC)。如图 3-12 所示,VCC 是由几条 VC 链路组成的,VPC 是由几条 VP 链路组成的。

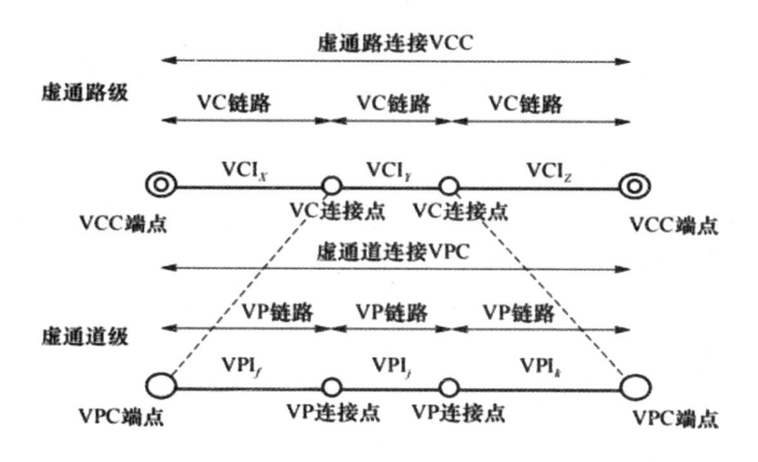

图 3-12　VCC 与 VPC 的关系

在虚连接成立之后,将所要传输的信息分为字节信元,再通过网络传输至目的终端。如果发送端有多个信源信息同时传送,则应采用同样的步骤建立到达各自接收端的不同虚连接,这样就可以实现信息的交替传输。

3.5.3 ATM 网络连接

ATM 网络连接如图 3-13 所示。

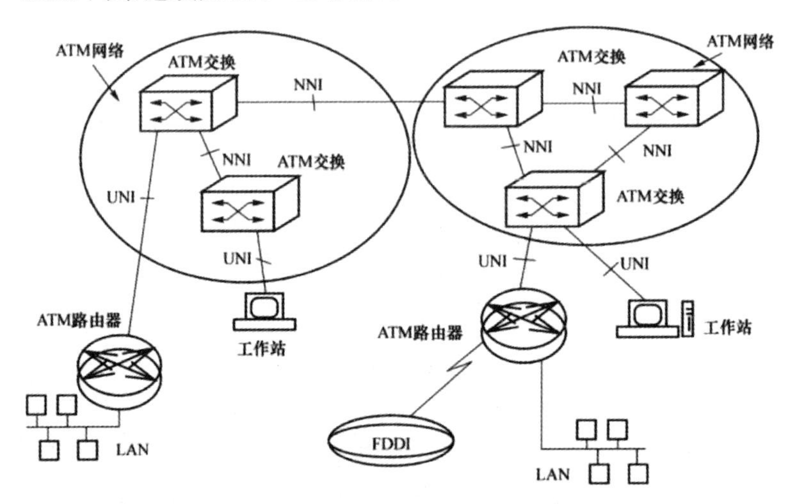

图 3-13　ATM 网络连接

ATM 交换机可以使用 UNI 与 NNI 这两种接口。ATM 端点系统(主机、路由器等)与 ATM 交换机建立连接时使用 UNI,不同 ATM 交换机建立连接时使用 NNI。

ATM 交换机的工作原理为:由明确 VCI 或 VPI 的链路接收某一信元;利用局部译码表确定所对应的连接值,由此判断所连接的引出端口和该链路连接的新 VPI/VCI 值;该信元借助适当的连接标识符被传送至引出链路。

常用的 ATM 连接包括下面两类。

(1)永久虚连接(PVC)。PVC 通过诸如网络管理之类的外部机制创建连接,这与构成帧中继的方式很相似,如图 3-14 所示。在该连接模式下,ATM 源与目的终端间的全部交换机均有合适的 VPI/VCI 值。一般情况下,网络设备对应的 VPI/VCI 表格是由管理员更新的,ATM 信令能够起到简化 PVC 设置的作用,但 PVC 总是需要进行人工设置,因此使用起来比较烦琐。

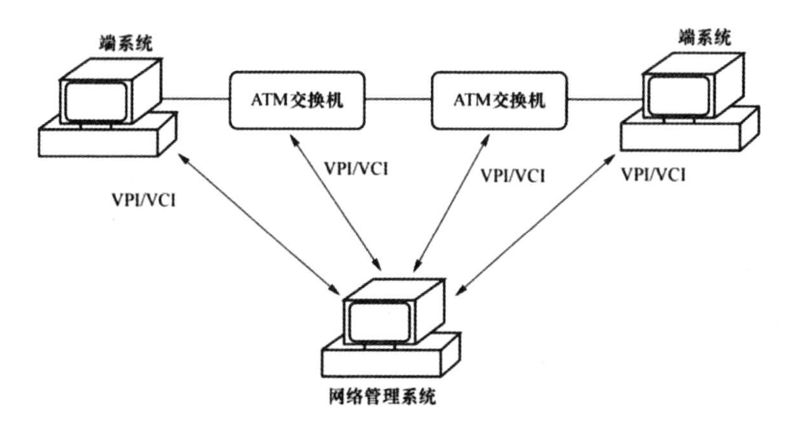

图 3-14　永久虚连接

（2）交换虚连接（SVC）。SVC 通过信令协议来自动地创建连接，并且其连接是动态的，如图 3-15 所示。由于建立 SVC 的过程中不需要采取人工设置，所以实际应用较为简便，应用范围较广。ATM 中的高层协议均采用 SVC 这一方式。ATM 信令通过计划在 ATM 网络建立连接的 ATM 端点系统发送。ATM 信令依据标识符顺着传输路径传输，一直到传输至目标终端。

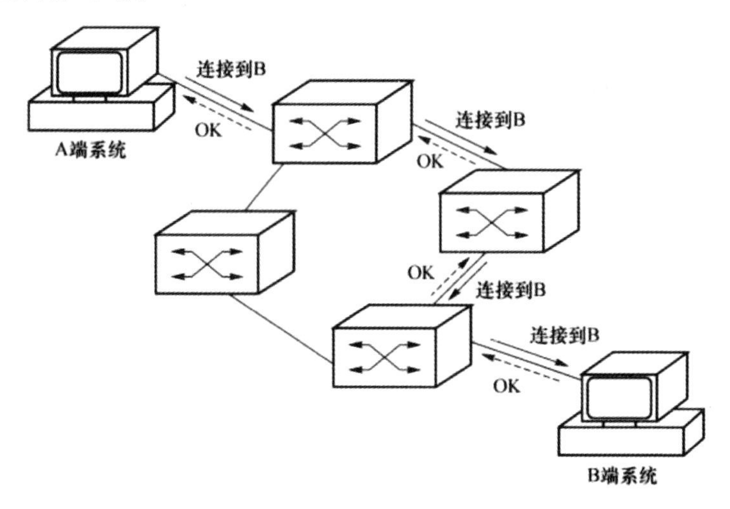

图 3-15　交换虚连接

3.5.4 ATM 网络业务应用

中国公众多媒体通信网(CNINFO)即“169”,是中国电信为普通大众提供集话音、数据、图像等多种通信媒介于一体的通信网。该网络采用 TCP/IP 作为网络互联的基础协议,可以实现同 CHINANET 与其余网络的互联。省级 ATM 宽带网将 ATM 用作网络基础平台,这样不仅可以适应目前通信业务的需要,而且可以适应将来 IP 业务发展的需要。

第4章
通信网络安全服务

随着社会经济的发展,通信网络已经普及到成千上万的家庭,它与人们的生活、工作和学习越来越紧密地联系在一起,在为人们提供便利的同时也带来一些通信网络安全问题。这就需要不断加强通信网络安全服务能力体系的建设,使其能够在技术、功能上符合新时代通信网络安全的实际现状和具体要求。

4.1 通信网络安全标准

网络安全标准化是涵盖了标准体系研究、标准文本制订/修订及技术验证、标准的产业化应用等环节及其相关组织运作的集合。开展网络与信息安全标准化工作是保障通信网络安全的关键。

经过几十年的努力,国内外学者对网络安全标准开展了大量的研究,提出了一系列相关条款。本节通过对国内外网络与信息安全标准、技术和方法进行总结,得出了网络与信息安全标准体系框架,如图 4-1 所示。

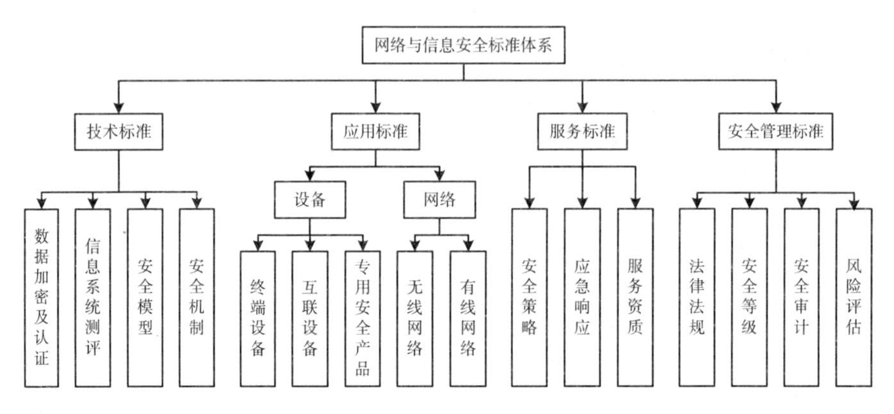

图 4-1 网络与信息安全标准体系框架

4.1.1 计算机系统安全国际评价标准

20 世纪 70 年代,以美国为代表的西方发达国家着手研究网络与信息安全标准,直到 20 世纪 90 年代,互联网逐渐用于社会的各个领域,这进一步引起了世界各国对网络与信息安全标准的重视。通过对网络系统可信度评估的研究不难发现,美国国防部制定的可信计算机系统安全评价准则(Trusted Computer System Evaluation Criteria, TCSEC)意义重大。TCSEC把计算机系统安全分为四类七级,从高到低分别是A、B3、B2、B1、C2、C1和D,其中A级为最高,如表4-1所示。

表4-1 TCSEC安全级别分类

类别	级别	名称	主要特征
D	D	安全保护欠缺级	没有安全保护
C	C1	自主安全保护级	自主存取控制
	C2	受控存取保护级	单独的可查性,安全标记
B	B1	标记安全保护级	强制存取控制,安全标记
	B2	结构化保护级	面向安全的体系结构,有较好的抗渗透能力
	B3	安全域保护级	存取监控,有高抗渗透能力
A	A	验证设计级	形式化的最高级描述和验证

4.1.2 我国计算机系统安全评价标准

自20世纪80年代以来,我国将网络与信息安全标准化工作置于十分重要的位置,到目前为止,我国已颁布了一系列相关国家标准,对促进网络与信息安全技术在各个领域的应用起到了有力的推动作用。1999年10月,国家质量技术监督局颁布了《计算机信息系统安全保护等级划分准则》(GB 17859—1999),将我国计算机系统安全保护分为以下等级。

第一级,用户自主保护级(L1)。L1的安全保护机制使用户具备自主安全保护的能力,保护用户信息免受非法读写破坏。

第二级,系统审计保护级(L2)。L2除具备L1所有的安全保护功能外,要求创建和维护访问的审计跟踪记录,使所有的用户对自己行为的合法性负责。

第三级,安全标记保护级(L3)。L3除继承前一个级别的安全功能外,还要求以访问对象标记的安全级别限制访问者的访问权限,实现对访问对象的强制保护。

第四级,结构化保护级(L4)。L4在继承前面安全级别安全功能的基础上,将安全保护机制划分为关键部分和非关键部分。关键部分直接控制访问者对访问对象的存取,从而加强系统的抗渗透能力。

第五级，访问验证保护级（L5）。L5 特别增设了访问认证功能，负责仲裁访问者对访问对象的所有访问活动。

4.2 安全认证与访问控制

4.2.1 安全认证

在通信网络中，信息从信源向信宿传输时，一方面应确保双方通信过程可靠，另一方面必须确保安全，主要体现在以下方面：通信双方的身份是真实的，物理信道与资源不被非法用户占用，不仅避免了非法用户或程序窃取信息，也避免了第三方篡改通信信息。为了有效地避免安全问题的发生，要求通信系统具备安全认证机制。

4.2.1.1 消息认证

进行消息认证通常采用消息认证码（Message Authentication Code，MAC），具体而言，借助密钥得到有一定长度的短数据块，然后在消息后面加上该数据块。在消息认证过程中，假设通信双方（如 A 和 B）共用密钥 K，如果 A 将消息传输给 B，那么 A 就会计算 MAC，该值为消息和密钥的函数，可表示为 $MAC=C_K(M)$。其中，M 为传输的消息，C 为 MAC 函数，K 为共享密钥，MAC 为消息认证码。消息连同 MAC 一起传输至接收方。接收方使用同一密钥 K 对收到的信息执行同样的运算，从而获得新的 MAC，再将其接收的 MAC 和它所算得的 MAC 相比，如图 4-2 所示。

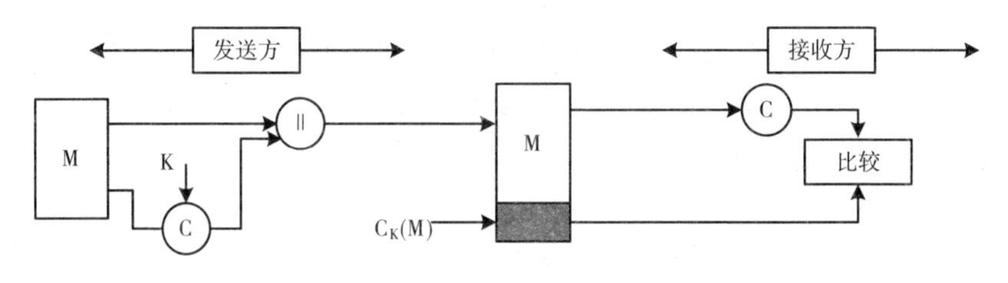

图 4-2 消息认证

采用以上消息认证方法，消息是以明文存在的，这就造成仅可确保消息是真实的，但不能确保消息的保密性。为了同时达到这两种要求，能够在根据消息计算 MAC 之前或之后执行加密处理。假设 A 和 B 使用相同的消息认证密钥和消息加密密钥，便能采用两种方式得到加密和消息验证码。另外，虽然采用单钥加密能够实现消息认证，但是采用 MAC 函数可以使消息认证在某些情况下变得更加简便。

4.2.1.2 数字签名

数字签名技术是一种解决网络通信中特殊安全问题的方法，能够实现对电子文件的鉴定与认证。该技术对保护数据完整性和信息安全均发挥了积极的作用。通常情况下，所用的数字签名算法为散列签名，数字签名一般适用于下列格式：通用数字签名要把消息 M 发给收信人 B，而收到方 A 则首先通过单向的散列函数，以数字方法建立和签署 MD 的信息摘要。这种方式不仅能确定消息的出处，还能确保消息的完整。图 4-3 为具体工作过程。

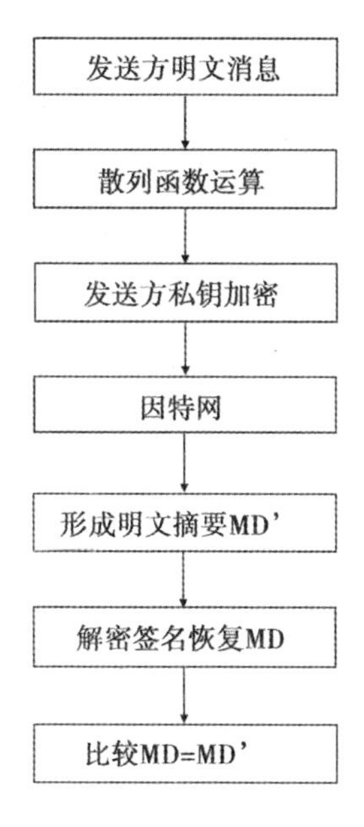

图 4-3　数字签名流程

将日期戳的概念引入数字签名技术中,在很大程度上缩短了数据加密与解码的时间,清晰地注明数据加密和解码的日期,极大地改善了数据加密质量。数据解码和传输是在数据可靠、安全,传输方和接收方都不拒绝数据的情况下进行的。这种数字签名技术多用于需要大量数据的场景。特殊数字签名技术是重要的网络安全技术,其应用也越来越广泛。近年来,随着计算机及网络技术的飞速发展,人们对数字签名的应用提出了新的要求。

数字签名一般使用非对称加密算法和单向散列函数。过程中利用两种密钥(公钥和私钥)对数据进行加密、解码。若使用公钥对数据进行加密,那么只有使用对应的私钥才能对其进行解密。若使用私钥进行加密,也只有使用对应的公钥才能进行解密。这种方法可以让发送者使用发出端的公钥进行加密,从而证明了数字签名的有效性。图 4-4 为带加密的数字签名的工作过程。

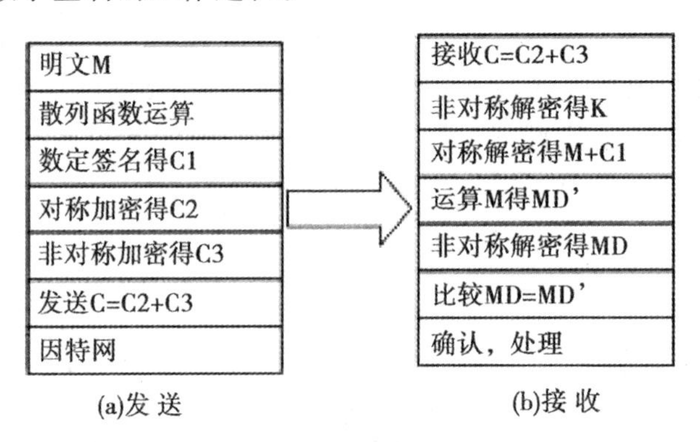

图 4-4　带加密的数字签名工作过程

4.2.1.3 身份认证

身份认证是通信网络安全体系的重要基石,是系统采取访问控制和追查用户责任的前提,可以阻止非法用户或合法用户非授权使用系统资源。身份认证又称为实体认证,是验证系统对实体所声称的或第三方为其声称的身份真实性的确认过程。进行身份认证的原理为,认证系统假定被认证方具备某些特有的信息,此类信息除了被认证方,其他用户均不能获得和伪造,并能令认证系统确定认证方具备此类信息。所以,身份认证就是利用一定的信息对用户进行身份鉴别的过程。

在检验用户信息时,身份认证技术能够更好地检验用户的合法性。身份认证方式主要包括三种类型。

(1)双重认证。在网站中,通过账号密码验证和验证码来完成身份认证的情况时有发生。

(2)数字证书认证。在开展线上业务办理时,网站会让使用者输入个人信息或者身份证信息等。

(3)鉴别交换机制。在申请电话卡等各类用卡时,运营商会要求使用者进行视频验证,核对用户的身份信息。

4.2.2 访问控制

访问控制作为网络安全防范和保护的重要组成部分,本质上是对网络资源的利用进行约束,其核心目标在于防止非授权用户使用和访问网络资源,保证授权用户可以获取相应的资源。当用户通过了身份认证与授权后,访问控制机制将按照预定的规则来控制用户所使用的资源。

访问控制通常和其他的安全策略联合使用。图 4–5 显示了访问控制系统的构成及功能。

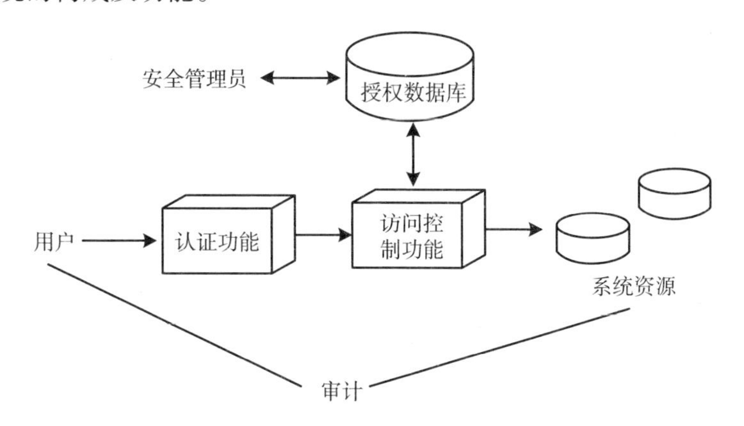

图 4–5　访问控制系统的构成及功能

访问控制的三大要素包括:主体、客体和控制策略。访问控制限制访问主体(如用户、进程、服务等)对访问客体(即被保护的资源)进行访问的行为,以保证网络系统的资源在允许的情况下被利用,而访问控制机制决定了用户及代表用户的程序在系统中起到的作用和实际发挥的程度。访问控制策略用于规定不同类型的访问在什么情形下被何人所允许。图 4-6 所示为访问控制模型。

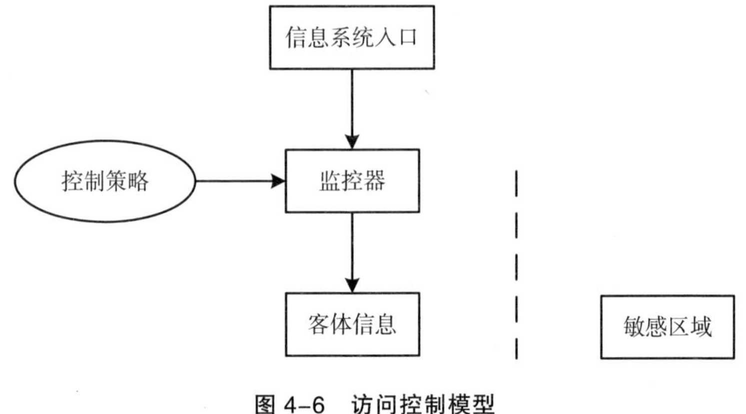

图 4-6　访问控制模型

4.2.2.1 自主访问控制

自主访问控制模型是一种基于自主访问控制策略的访问控制模型，允许授权用户以用户或用户组的形式来访问策略中指定的客体资源，拒绝非授权用户访问该客体资源，并且，存在一些用户能依照自身意愿，把对客体资源的访问权限转给其他用户。这一访问控制策略也被叫作任意访问控制。对于用户访问请求，系统首先对用户身份进行鉴别，然后根据访问控制列表（Access Controll List，ACL）所赋予用户的权限对用户的访问行为加以许可或限制。

4.2.2.2 强制访问控制

同自主访问控制相比，强制访问控制属于多级访问控制方式，最显著的特征为系统对访问主体和受控对象采取强制访问控制。

在强制访问策略中，系统对访问主体和受控对象分别设置不同的安全等级与属性（如绝密级、机密级、秘密级和无密级），不同等级标记了不同重要程度和能力的实体。不同等级的主体按照强制的安全策略来访问不同等级的客体。在用户提出访问资源的请求后，系统会比较访问主体与受控对象的安全等级与属性，从而判断该用户是否可以访问该客体资源。

4.2.2.3 基于角色的访问控制

基于角色的访问控制，其主要原理为对访问许可权赋予相应角色，用户借助不同角色来获得相应的访问许可权，然而用户不属于访问客体资源的所有者。

在此基础上，笔者提出了一种基于角色的存取控制模型，即在整个过程中，使用者并非一直都使用相同的身份与权限来存取系统，而是使用特定的角色，根据不同的角色获得不同的存取权限。所以，在该系统中，只能对角色进行管理，而不能对用户进行访问控制。在进入系统之前，用户需要对其进行身份验证。

4.3　数据完整技术与数据隐蔽原理

4.3.1 数据完整技术

数据完整技术主要是指能够对网络数据信息完整性起到超强保护作用的一种科学技术，以密码学为基础，加密处理所有数据信息，将外界给数据信息传播造成的影响降到最低，显著提升数据信息的完整性和安全性。

4.3.1.1 数据加密

依据数据通信层次，数据加密被分为三种形式，即端到端加密、链路加密和节点加密。

（1）端到端加密，主要是指数据信息在输入到输出的整个过程中所完成的加密处理方式，数据信息传输时始终保持着加密的状态，在目标地址不可以事先完成加密处理任务，该加密方式的优点表现为数据信息传输的整个过程中始终保持着加密的形式,节点支持发挥的作用不大。在传输点被破坏以后,不用考虑数据信息被泄漏的问题。

(2)链路加密,主要是指有效利用节点间的通信链路来完成加密的一种方式,使用范围非常广,一般情况下在异步线路和同步线路上均有使用,链路上所有节点物理上的安全是开展链路加密的前提条件,链路加密需要事先加密处理信息后再传输,输送到特定的节点后,节点完成解密工作,并在输送链路上完成再一次的加密处理后传输到下一个节点,循环往复直到信息传输到终端设备上,即便网络黑客截获了信息,但是依然很难发现源点信息的具体情况。

(3)节点加密,主要是指利用密钥装置与计算机节点之间实现加密处理的一种方式,该加密方式的前提为二者之间能够整齐划一,消息发送者与接收者之间公开透明,高效抑制了信息的泄露问题,路由信息和报头以明确的文字形式存在,确保重要节点及时获取相关数据。

4.3.1.2 密钥加密

密钥加密处理主要是指借助多种层次的密钥和形式多样的表达方式对数据进行加密处理的一种方式,主要包括两种形式,即公开钥匙和私有钥匙,其具体的使用情况与非对称式加密处理技术完全相同,私有钥匙的应用被设定在规定的范围内。在应用时,公开钥匙要给其提供有力的支撑,让数据信息变得更加完整、安全。如今在各类管理系统里面,密钥加密的应用范围非常广,如企业管理系统、金融系统以及教学管理系统等,这些管理系统充分体现出了密钥加密的优势。

4.3.1.3 加密压缩包

加密压缩包先将数据压缩,再加密处理压缩包,这是目前使用频率较高的加密方法,主要包括 ZIP 和 RAR 两种形式,这两种压缩形式在所有的计算机上通用,都能够实现密码的修改与设置,信息接收者需要使用加密密码才能获得加密压缩包中的信息。该方式有利于保证数据信息的完整性和安全性,对存储空间的占比降低,大幅度提升了计算机的运行速度。

4.3.1.4 入侵检测系统

入侵检测系统是入侵检测软件设备与硬件设备的统称,其作用为监控网络数据信息,监督违反安全策略的行为。病毒入侵计算机系统后,系统会立即释放报警信号。入侵检测包括以标志为基础的检测和以异常情况为基础的检测。以标志为基础的入侵检测与杀毒软件大体相同,先定义违反安全策略的行为,接着在计算机中检测是否存在。对于以异常情况为基础的入侵检测,先定义计算机正常运行参数,比较定义参数和实际运行参数,以此来获得计算机的检测信息。

4.3.1.5 防火墙

网络系统在预防外界网络攻击时,利用防火墙技术来提升其抵御能力。

(1)网络级防火墙,其能够对数据信息的 IP 包端口、数据应用、源和目的地址等运行情况进行准确的判断,路由器就是网络级防火墙的典型代表。

(2)应用级网关,在检查计算机输入、输出的信息数据时,运用网关复制这些数据,防止不授信主机与授信用户、系统直接联系在一起,应用级网关的安全性非常强。

(3)电路级网关,实时监管不授信主机与授信用户间的信息往来,高效隔离防火墙内外的计算机,其可操作性非常强。

(4)规则检查防火墙,该技术将上述三种防火墙全部包含在其中,与应用级网关有着本质的区别,能够高效地过滤计算机输入、输出信息。

4.3.1.6 云存储

如今,硬盘是普通企业用户和个人用户存储信息的主要设备,硬盘存储信息的缺点表现为两点。

(1)存储容量不大,海量化的数据信息会占用较大比例的物理服务器空间,从而提高数据存储成本。

（2）安全防护等级不高，计算机的防护系统被破坏以后，数据和信息被泄漏的风险就会增加。

云技术出现以后，云盘成为了受人们追捧的全新存储媒介，其主要的特点表现为安全级别高、存储量非常大，深受个人用户和普通企业喜欢。硬盘与物流服务器运行密切相关，云盘也与云服务器运行保持着紧密的联系，如今国内很多互联网公司如腾讯云、百度云、阿里云已经研发出了属于自己的云服务功能。依据付费形式，云存储被分为私有云和公有云两种类型，个人用户使用公有云即可满足自身的需要，企业用户在付费租赁以后可使用私有云来保护本企业的涉密商业信息。

4.3.2 数据隐蔽原理

根据现代信息理论的分析，层与层之间的通信在多层结构系统中是必须存在的，在此过程中需要安全机制来确保通信的正确性和完整性。在经授权的多层系统的各层之间通信信道上可以建立可能的隐蔽通信信道。在远古时代的简单军事情报传输系统中就已经出现了最原始的多层结构通信系统，而现代的计算机网络也是一个多层结构通信系统，因此，隐蔽通道会在一定程度上威胁计算机网络系统的安全。

4.3.2.1 隐蔽通道概述

最初的信息隐藏技术主要用来进行秘密的信息传递，即隐蔽通信，它隐藏了通信过程的存在性，而且隐藏后的秘密信息可以通过公开信道进行传输，防止信息被截获和破译。隐蔽通信主要用于信息的安全通信，它所要保护的是嵌入隐秘载体中的数据本身。采用隐秘技术的网络通信就是把秘密信息隐藏在普通的多媒体信息中传输。由于网上存在数量巨大的多媒体信息，因而秘密信息难以被窃听者检测。

进行隐蔽通信所采用的主要技术就是数字隐写技术，即利用载体信号在多媒体信息的冗余空间具有的不可感知性，把需要传达的秘密信息嵌入载体信号当中，所得到的含密信号在听视觉感知方面较原始信号并没有太大差异，非授权者无法确定其是否隐藏有秘密信息，也难以提取或去除所隐藏的秘密信息，从而达到了隐蔽通信的目的。

隐蔽通道按照存在环境的不同可以划分为网络隐蔽通道和主机隐蔽通道两大类。主机隐蔽通道一般是不同进程主机之间所进行的信息秘密传输,而网络隐蔽通道一般是不同主机在网络中完成信息的秘密传输。通常情况下,隐蔽通道通信工具能够在数据报文内嵌入有效的信息,然后借助载体进行传输,传输过程通过网络正常运行,不会被系统管理者发现,从而实现有效数据的秘密传输。攻击者与其控制的主机进行信息传输的主要方式就是建立网络隐蔽通道。

利用隐蔽通道,通过网络攻击者将被控主机中的有效数据信息传输到另一台主机上,从而实现情报的获取。与此同时,攻击者还可以将控制命令通过隐蔽通道传输到被控主机上,使被控主机能够长期被攻击者控制。因此,对隐蔽通道的基本原理和相关技术进行研究,同时采取措施对网络隐蔽通道的检测技术进行不断的改进和完善,从而能够及时、准确地发现被控主机,并及时将其与外界的联系切断,对网络安全的提升和网络中安全隐患的消除有十分重要的意义。

4.3.2.2 隐蔽传输技术

隐蔽传输技术是指通信双方在使用传输通道进行数据通信时,第三方监控者只会认为这是一次普通的通信过程,不会对其采取监控、干扰甚至恶意攻击行为,从而使得信息可以被从一个安全域传输到另一个域而不被检测到或识别出来,以便隐藏通信行为。这种方式同时也可能会被攻击者用来绕过安全机制,盗取机密信息或实施其他攻击行为。隐蔽传输通道通常利用了一些与系统设计相关的特性或漏洞,如存储器共享、处理器缓存、网络协议、时间同步等。隐蔽技术的概念最早源于高安全等级安全操作系统,若当前进程违反系统安全管理策略的规定进行消息传递,试图规避系统里的审查与监控,则表明该进程正在使用一条隐蔽通道进行消息传递。

(1)早期隐蔽传输技术

早期隐蔽传输技术主要采取信道隐蔽技术,可分为时间型隐蔽通道、存储型隐蔽通道。时间型隐蔽通道是一种利用时间间隔来传输信息的隐蔽通道,它通过改变信号的时间间隔来传输信息。在这种通道中,信息被分成不同的时间单元,每个时间单元的长度代表不同的信息状态，发送方按照规定的时间间隔发送信号，接收方根据接收到的信号间隔来解码信息，因此具有一定的隐蔽性。

但是，由于时间型隐蔽通道需要严格的时间同步和精度控制，并且实际应用中受到许多限制，使用常规的流量分析手段就能破解该通道。存储型隐蔽通道通过隐写方式传输隐蔽信息，是一种利用计算机存储器进行信息传输的隐蔽通道技术。

在计算机系统中，存储器是最基本的硬件设备之一，存储着计算机程序和数据。存储型隐蔽通道技术利用计算机系统中的存储器设备，在存储器单元中存储信息，并通过读取这些存储单元的状态来传输信息。存储型隐蔽通道技术的应用广泛，可以用于网络安全、信息安全、军事等领域。例如，在网络安全中，攻击者可以利用存储型隐蔽通道技术将恶意代码传输到受害者的计算机中，从而控制受害者的计算机。在信息安全中，存储型隐蔽通道技术可以用于保护机密信息的传输，如在军事通信中，可以利用存储型隐蔽通道技术传输机密指令和情报。

尽管存储型隐蔽通道技术具有很多优点，但它也存在一些限制和挑战。首先，存储型隐蔽通道技术需要占用大量的存储器资源，因此在资源有限的系统中应用较为困难。其次，存储型隐蔽通道技术受到系统的一些限制，如访问权限和系统保护等，因此实际应用中需要进行合理的设计。

此外，在使用存储型隐蔽通道技术时还需要注意安全性问题，例如存储器单元被非法读取或篡改等。另外，SMTP、IRC 等方式尽管会保证行为者的匿名，但是由于容易引起监察者的注意，检测机构可以通过对数据包头部许多域的取值进行规格化或者可逆转换检查异常，因此会影响行为的隐蔽性。

（2）新型隐蔽传输技术

新型隐蔽传输技术主要基于互联网公共基础设施实现，如 Nym，最大的特点是它可以不受网络环境限制，可以在各种网络环境下进行数据传输。而且，它可以充分利用网络空闲资源，即使网络拥塞或者限制带宽，也可以通过多种技术手段进行数据传输，实现较高的传输速率和成功率。

此外，新型的隐蔽通道技术可以通过多层加密、分包传输、伪造协议等技术手段，进一步增强数据的安全性和隐蔽性。例如，在 Infranet 框架,隐蔽通信客户端进行无害 HTTP 请求,无害 HTTP 请求是指经过加密处理后,看起来与普通 HTTP 请求一样,不会引起任何怀疑或注意。这些请求旨在隐藏用户真实的请求,可以帮助用户在互联网上保持匿名和隐私。例如,在某些国家或地区,政府或其他机构可能会监视互联网流量,并通过检查 HTTP 请求中的内容来监视用户的活动。使用无害 HTTP 请求可以帮助用户避免这种监视和跟踪,并保护其个人隐私和安全。该方法的不足之处在于交互次数频繁,效率较低。

Collage 系统利用社交媒体网络 Facebook、Flickr 等网站,发布嵌入了秘密信息的图片、视频等媒体信息,通信双方通过社交媒体网站完成数据交互,隐蔽彼此的通信关系。Stegobot 同样也利用社交网络中的图像上传和分享功能建立隐蔽通道,将数据隐蔽地嵌入图像中,通过社交网络进行传输,这种隐藏方式与加密不同,它并不对数据进行加密操作,而是将数据嵌入图像文件的像素中,从而避免了数据在网络上传输时被检测到的风险。同时, Stegobot 还可以利用多种隐写技术,如 LSB(最低有效位)隐写、DCT(离散余弦变换)隐写等,提高隐写效果和传输成功率。

华盛顿大学的 Vanish 系统则提出了一种基于 P2P 的隐私保护系统。该系统采用了一种独特的密钥管理方法,利用 DHT(分布式哈希表)网络来控制密钥的生存期,从而实现了数据的自毁功能,保护用户的隐私。具体来说,Vanish 系统利用 DHT 网络来存储和管理密钥信息,DHT 网络是一种分布式的哈希表,通过哈希算法将数据分布到整个网络中的节点上,实现了高效的数据存储和查找,同时设置密钥的生存期来控制密钥的有效期,一旦密钥的生存期到期,密钥信息将从 DHT 网络中删除,从而保证了数据的安全性。此外,密西根大学研究了社交网络媒体文件格式转换与压缩算法,提出文件损坏处理时的信息隐藏方案。BitCrypt 信息隐藏工具可以把文件隐藏在图片里,支持选择信息隐藏算法与图片类型。

4.4 通信网络与计算机网络安全体系结构

对于大型网络工程建设与管理、网络安全系统的设计与开发,必须从整体体系结构的视角对安全问题进行全面的研究,以确保网络安全功能的完整性和一致性,控制安全成本和管理成本。

4.4.1 网络安全体系框架结构

为了更加准确地把握用户的安全需求,合理地选用不同的安全产品与策略,就必须构建一套系统化的网络安全体系。图 4-7 为网络安全体系的三维框架结构。

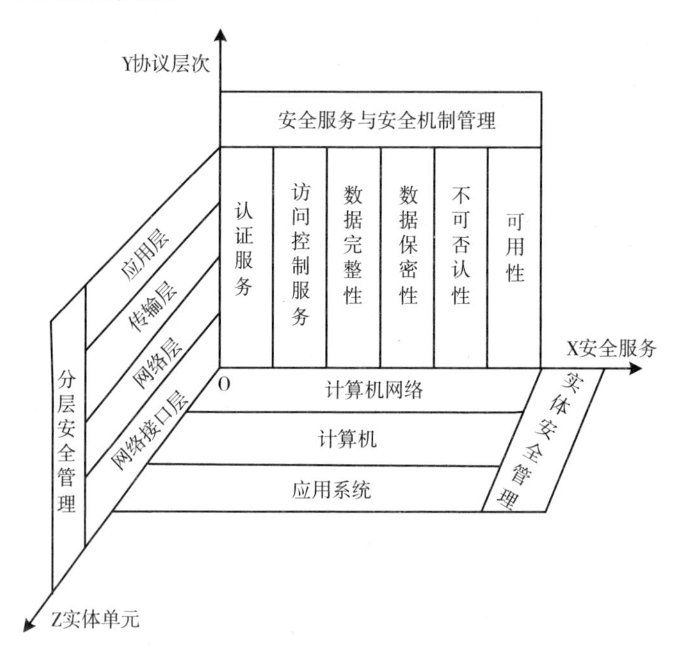

图 4-7 网络安全体系的三维框架结构

安全服务平面是根据国际标准化组织制定的安全体系结构模型建立的，不仅具有五种基本安全服务，还添加了可用性（Availability）服务。应用场景不同，相应的安全服务需求也不一样。协议层次平面是根据 TCP/IP 的分层模型建立的，在网络协议结构的基础上构建安全体系结构。实体单元平面包括构成网络系统的基本单元。

安全管理是对各个协议层次、各个实体单位的安全服务和安全机制进行管理。安全管理不属于通信业务，不过可以使正常通信需要的安全服务得到控制与管理，可以使安全机制得到有力的保障。

4.4.2 网络安全体系层次

网络安全防范体系是一个全面、完整的系统，可被划分为不同的层次，其中各层次代表着相应的安全问题。按照网络应用的实际状况和网络的结构，可分为以下几层，如图 4–8 所示。

图 4–8　网络安全体系层次结构

（1）物理层安全。物理层的安全涵盖了通信线路的安全、物理设备的安全、机房的安全等，具体包括通信线路的可靠性（线路备份、网管软件、传输介质），软硬件设备安全性（更换设备、拆卸设备、添加设备），设备备份，防灾能力、防干扰能力，设备运行环境，持续的电源保障等。

（2）系统层安全。系统层的安全指的是网络所用操作系统的安全，如 Windows NT、Windows 2000 等。具体包括：由于操作系统自身不够完善导致的不安全因素，如身份认证、访问控制、系统漏洞等，操作系统的安全配置，操作系统受到病毒的威胁。

（3）网络层安全。网络层的安全指的是网络的安全性，具体包括网络层身份认证、网络资源的访问控制、数据传输的保密与完整性、远程接入的安全、域名系统的安全、路由系统的安全、网络设施安全防护等。

（4）应用层安全。应用层的安全涵盖了为用户提供服务使用的应用软件和数据的安全，具体包括 Web 服务、电子邮件系统、DNS 等。

（5）管理层安全。进行安全管理涵盖了安全技术和设备的管理、安全管理制度、部门与人员的组织规则等。管理的制度化对网络系统的安全具有重要的作用，完善的安全管理制度、清晰的部门安全职责划分、合理的人员角色分配一起有效控制着其他层级的安全漏洞。

第5章
数字信号传输技术

数字信号传输是指用数字信号载荷信息进行传输的方式，分为基带传输和载波传输两种。前者是数字信号直接在基带进行传输；后者是将数字信号对载波进行调制，以带通信号的形式进行传输。

5.1 数字基带传输技术

数字基带传输系统传输模型主要包括发送滤波器 $G_t(f)$、信道 $C(f)$、接收滤波器 $G_r(f)$、抽样判决器等。数字基带传输系统总传输特性一般指发送滤波器、信道、接收滤波器级联构成的特性：$H(f)=G_t(f)C(f)G_r(f)$，它对应的冲激响应记为 $h(t)$。如果此传输特性不够理想，将会产生码间干扰（Inter Symbol Interference，ISI）。下面我们将介绍码间干扰的概念，分析如何在数字基带传输系统中实现无码间干扰传输，以及在无 ISI 前提下如何实现传码率最大化。

5.1.1 码间干扰

由于实际基带系统总传输特性 $H(f)$ 不理想，会导致前后码元的波形畸变、展宽，并使前面波形出现很长的拖尾，延展到当前码元的抽样时刻上，从而对当前码元的判决造成干扰。如图 5-1 所示（本节采用 Matlab 仿真），横轴为时间轴，左边实线为第一个码元波形，右边虚线为第二个码元波形。下方两个冲激为抽样时刻 t_1 和 t_2，可以看出，在 t_2 时刻对第二个码元进行抽样时，第一个码元在此刻不为 0（数值约为 0.2），这个 0.2 就构成了码间干扰。对于码间干扰，要思考的问题：（1）码元波形能不能有拖尾？如果不能有拖尾，则大大增加了实际实现的难度。（2）我们要关注的时刻是整个时间段还是抽样时刻（离散时刻）？事实上，我们只需要关注离散的抽样时刻就可以了，前面的码元波形可以有拖尾，但是如果在后面码元的抽样时刻上拖尾幅度值为 0，则此系统可以实现无码间干扰传输。

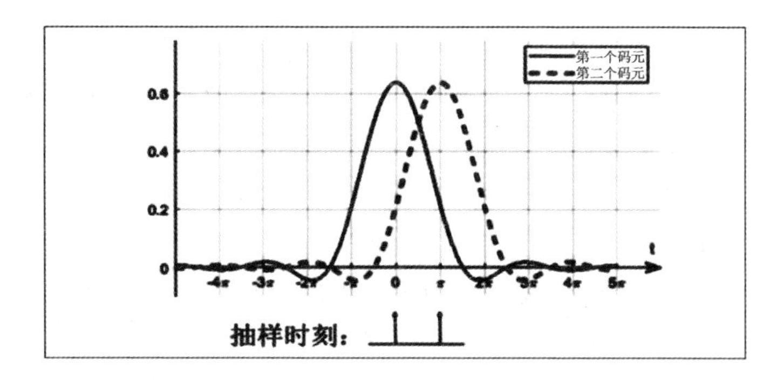

图 5-1　码间干扰示意图

5.1.2 时域 / 频域条件

要在数字基带传输系统中实现无 ISI 传输，需要满足时域条件或频域条件。时域条件对冲激响应波形 $h(t)$ 提出了要求，图 5-2 所示为三个码元 [111] 经过此基带系统时的传输模型，图 5-3 所示为此系统输出的波形（假设无噪声），此波形随后将输入到抽样判决器里，下方三个冲激为抽样时刻（等间隔）t_1、t_2 和 t_3，可以看出在本码元抽样时刻时只有本码元有数值，其他码元此时都为 0，不构成码间干扰。

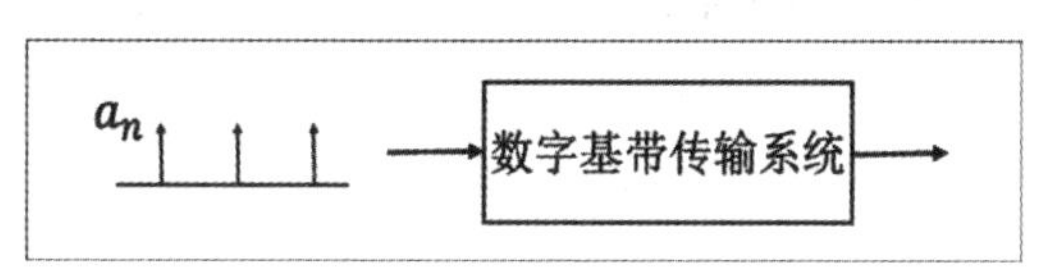

图 5-2　基带传输系统传输模型示例图

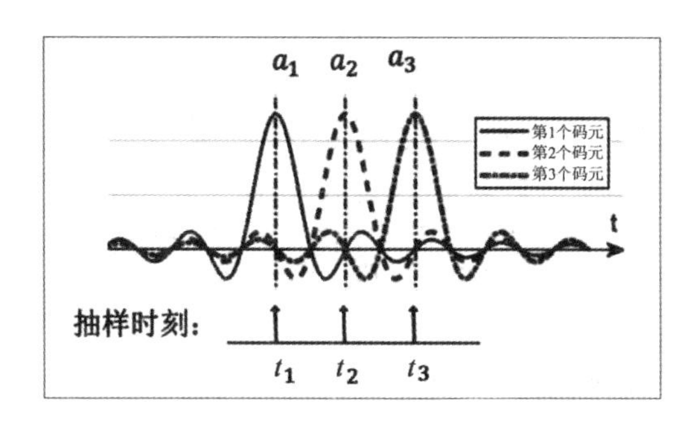

图 5-3　三个码元波形无码间干扰示例图

频域条件即奈奎斯特第一准则，其物理意义是将传输 $H(f)$ 特性在频率 f 轴以传码率 R_B 为间隔切开，然后分段沿 f 轴平移到零频附近区间内 $\left(-R_B/2, R_B/2\right)$，将所有线段在此区间叠加，相加结果如果在此区间内为一个常数（即等效成矩形），则此系统可实现无 ISI 传输。如图 5-4 所示，假设传输特性 $H(f)$ 为图中间的一个三角形（实线），截止频率为 $R_B(\text{Hz})$，右边三角形（点划线）为 $H(f)$ 右移 R_B 后的图形，左边三角形（点线）为 $H(f)$ 左移 R_B 后的图形。观察区间 $\left(-R_B/2, R_B/2\right)$ 内的图形，如图 5-5 所示（横坐标为频率 f），将所有线段在此区间叠加，结果为一个常数，则以传码率 R_B 在此传输系统中传输数据，可以实现无 ISI 传输。

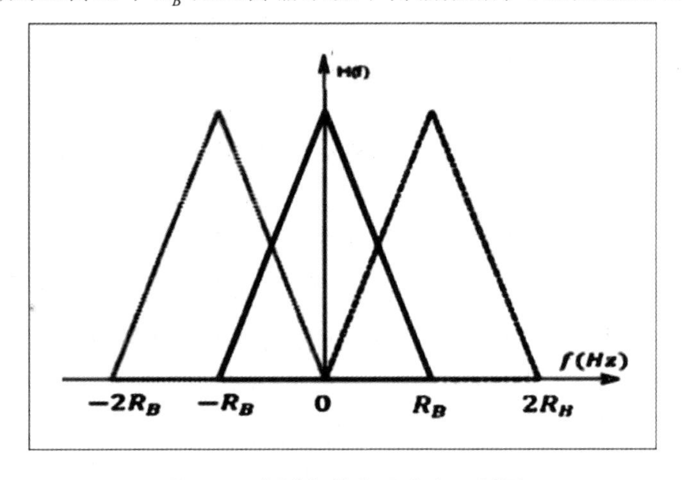

图 5-4　频域条件物理意义示例图

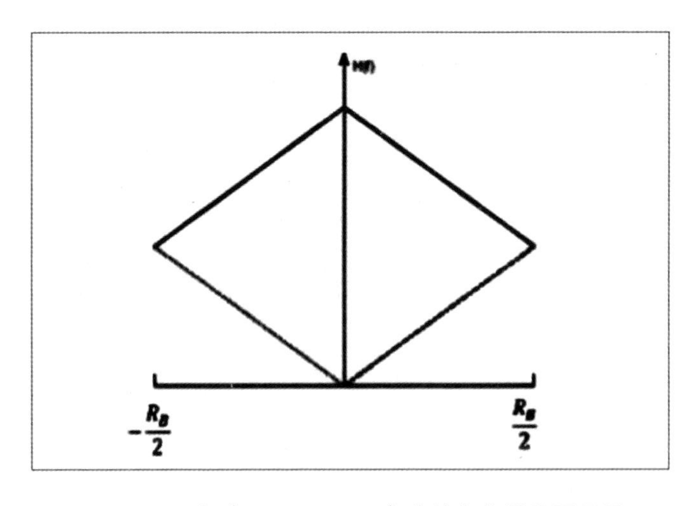

图 5-5　区间 $\left(-R_B/2, R_B/2\right)$ 内的各个线段展示图

5.1.3 最大传码率

假设已知传输特性 $H(f)$，现在要在此系统中传输数据，我们当然希望传码率越高越好，但是前提条件是无 ISI，所以最大传码率势必受到限制，那么最大传码率能达到什么数值呢？我们以矩形低通 $H(f)$ 为例来讨论此问题，假设其截止频率（或该系统带宽）是 f_N，即矩形门宽为 $2f_N$，它对应的冲激响应为 $Sa(t)$ 函数。

如图 5-6 所示，横坐标为时间 t，图中两条曲线为两个码元波形，它们之间的码元间隔为 T_s，此时 T_s 较大，两个码元波形间隔比较远，我们希望传码率（$R_B = 1/T_s$）能大一些，也就是希望码元间隔 T_s 能小一些，希望两个码元波形能够相互靠近。图 5-7 所示则是两个码元相互靠近后的展示图，此时 T_s 减小，但是可以看出，在抽样时刻是存在 ISI 的。那么在无 ISI 前提下，T_s 能小到什么程度呢？

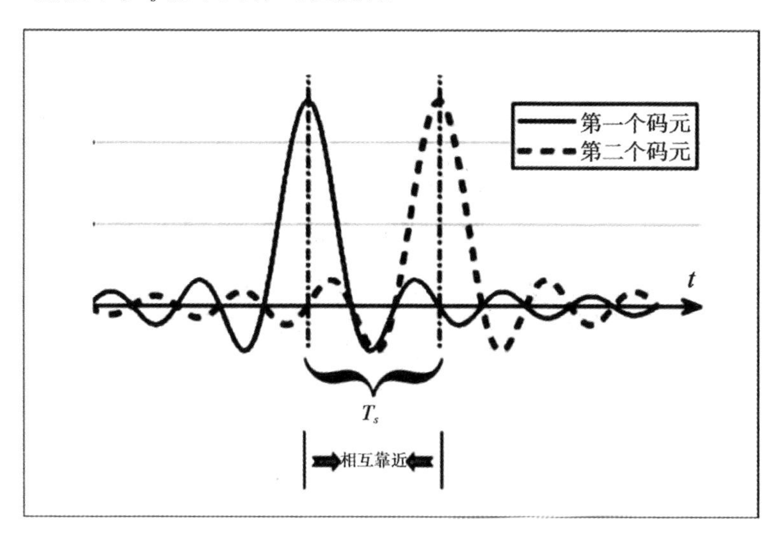

图 5-6　码元间隔较大时的两个码元波形

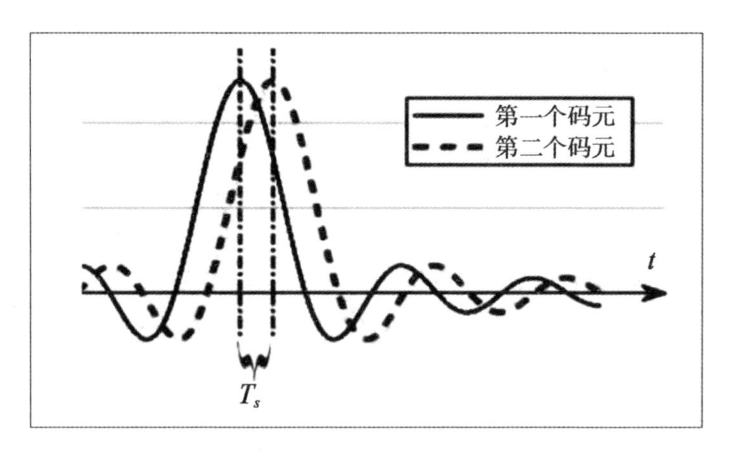

图 5-7　码元间隔较小时的两个码元波形

根据 $Sa(t)$ 有周期性零点这个特性，可以看出，当发送时间间隔为 T_s=$1/(2f_N)$ 时，利用这些零点可以最小化 T_s 或者说最大化传码率，且无码间干扰。如图 5-8 所示，就是无 ISI 前提下，传码率最大的情形，其中发送符号传输特性的带宽 f_N 一般称为奈奎斯特带宽，在其中实现无 ISI 传输的最大传码率为：$R_{B\max}=2f_N$。

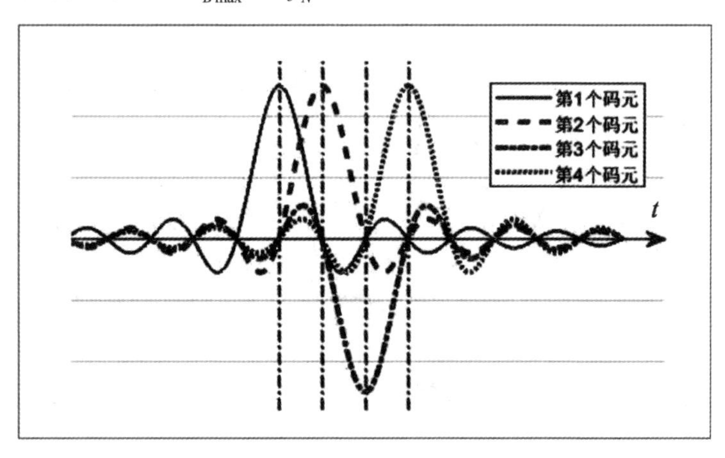

图 5-8　无 ISI 前提下，传码率最大的情形图

5.2　数字带通传输技术

数字调制中使用的载波通常为连续正弦,对应的调制信号为数字基带,与被调信号之间的关系可参照下式:

$$s(t)=A(t)\cdot\cos\left[\left(2\pi f_c t+f(t)\cdot t+\varphi(t)+\phi\right]+n(t)\right.$$

式中,$A(t)$ 代表瞬时幅度;f_c 代表载波频率;$f(t)$ 代表调制频率;$\varphi(t)$ 代表调制相位;ϕ 代表初始相位;$n(t)$ 代表除有用信号外的噪声和干扰。

由于一般信号包含幅度、相位、频率三个参数,因此,在调制时根据各部分的特征,采用的调制方式,既可由数字信号分别调制一种参数,如 MASK,又可对两种参数进行调制,如 MQAM。

5.2.1 多进制幅度键控(MASK)

幅度键控(Amplitude Shift Key, ASK)是利用矩形脉冲对相邻载波的幅度进行键控,使该载波的幅度能够根据不同的信号发生相应的改变。MASK 调制信号可通过模拟调制法和键控法获得,而模拟调制法在工作时要借助于相乘器,而键控法则要借助于开关电路。MASK 的表达式如下:

$$s_{\mathrm{MASK}}(t)=\sum_{I=1}^{N}\left(2x_i-M+1\right)$$
$$A\sin\left(2\pi f_c t+\theta\right)g_T\left(t-iT\right)$$

式中,M 为 M 进制的基带信号,$x_i\in\{0,1,2,\cdots,M-1\}$;$N$ 为码元的数目。

ASK 的波形图与频谱图分别如图 5-9 与图 5-10 所示。

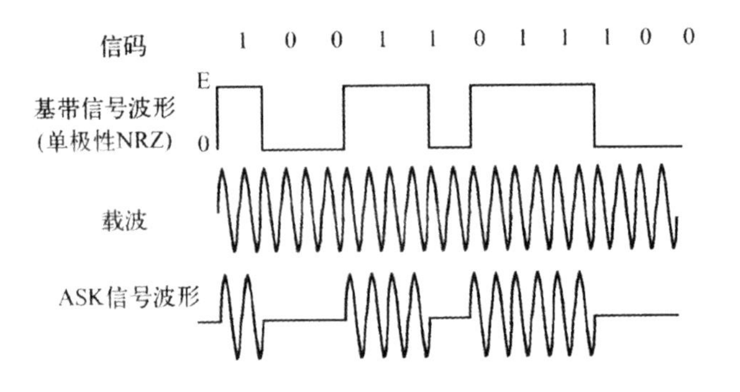

图 5-9　ASK 信号波形

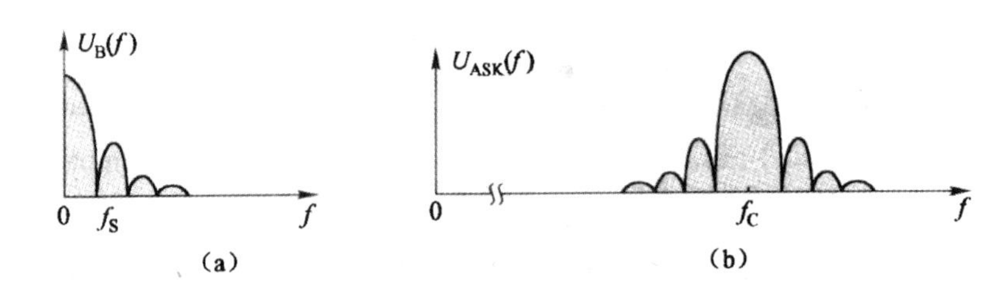

图 5-10　ASK 信号的频谱

2ASK（二进制振幅键控）是目前使用最多的一种 MASK，基本原理是利用二进制数字基带信号来实现对连续载波的键控，在有载波信号的情况下显示发送信息“1”，在没有载波的情况下显示发送信息“0”。可参照图 5-11 来理解 2ASK 调制过程。

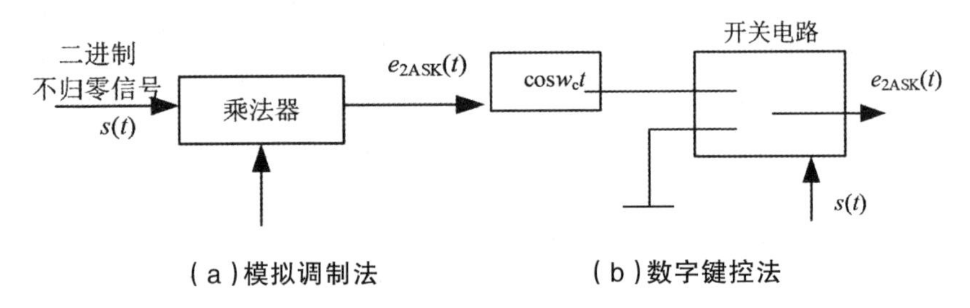

图 5-11　ASK 调制原理图

基于图 5-11 得到的 2ASK 已调信号的表达式：

$$e_{2ASK}(t)=s(t)\cos w_c t$$

式中，$s(t)=\sum_n a_n g(t-nT_s)$，$s(t)$ 为基带信号；T_s 为码元持续时间；$g(t)$ 为宽为 T_s、幅度为 1 的矩形脉冲；a_n 为第 n 个符号的取值为 0 或 1。

5.2.2 多进制频移键控(MFSK)

频移键控(Frequency Shift Key, FSK)主要是通过矩形脉冲来实现对频率的调控,在该过程中不会受到幅度等因素的影响。MFSK 的表达式如下:

$$s_{\text{MFSK}}(t) = g_T(t - iT)$$

$$\sum_{i=1}^{N} A\sin\left(2\pi f_c t + 2\pi f_i + \theta_i\right)$$

式中,$f_i - f_i \in \{f_1, f_2, \cdots, f_M\}$;$\theta_i$ 为载波初始相位,$\theta_i \in [0, 2\pi]$。

图 5-12 所示为 FSK 信号与基带信号的波形关系图。图 5-13 所示为 FSK 信号的频谱。

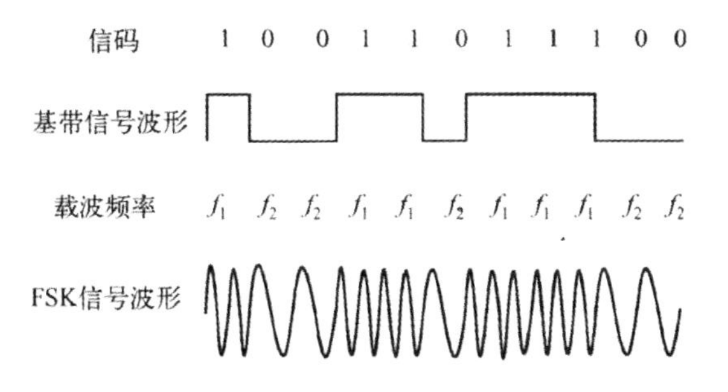

图 5-12　FSK 信号波形

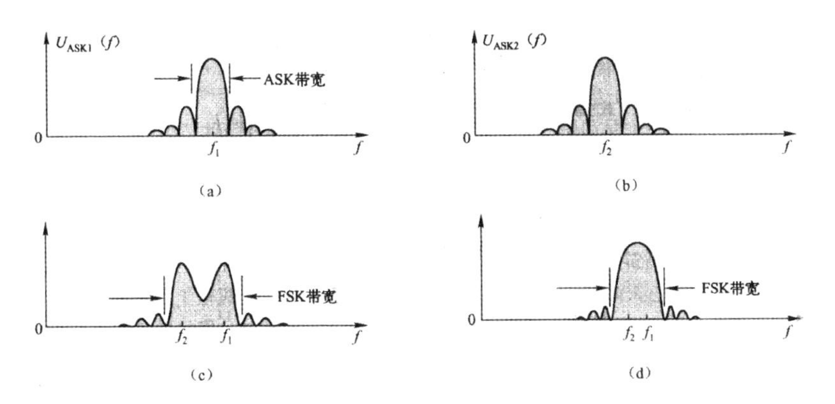

图 5-13　FSK 信号的频谱

2FSK 是 MFSK 中应用最多的一种,调制原理可参见图 5-14。

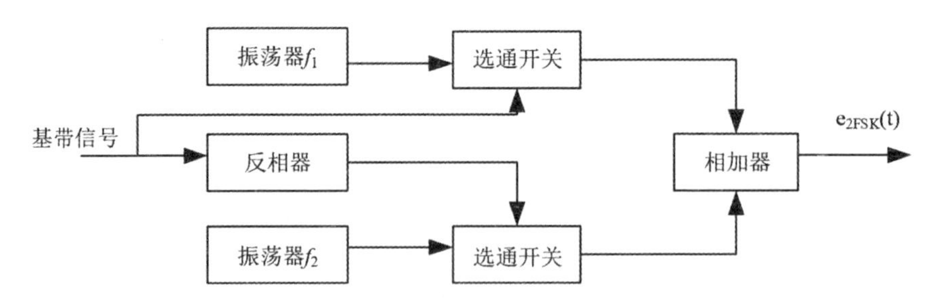

图 5-14　2FSK 调制原理图

2FSK 的表达式如下：

$$e_{2FSK}(t)=s_1(t)\cos w_1 t+s_2(t)\cos w_2 t$$

式中，$s_1(t)=\sum_n a_n g(t-nT_s)$；$s_2(t)=\sum_n \overline{a_n} g(t-nT_s)$；$\overline{a_n}$ 为 a_n 的共轭。

5.2.3 多进制相移键控(MPSK)

相移键控(Phase Shift Keying, PSK)是一种利用基带矩形脉冲调控相位的方法，并在此基础上实现频谱变换的一个过程。MPSK 的表达式如下：

$$s_{\text{MPSK}}(t)=g_T(t-iT)$$
$$\sum_{i=1}^{N} A\sin(2\pi f_c t+\varphi_i+\theta)$$

式中，φ_i 为调制相位，$\varphi_i \in \left\{\frac{2\pi(m-1)}{M}, m=1,2,\cdots,M\right\}$。

在 MPSK 中，最常用的是 BPSK，它主要用 0、π 代替二进制中的“0”和“1”。可参照图 5-15 来说明 BPSK 调制原理。

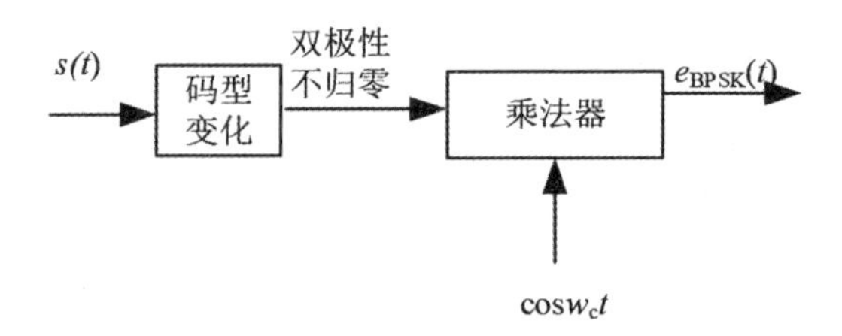

(a)模拟调制法

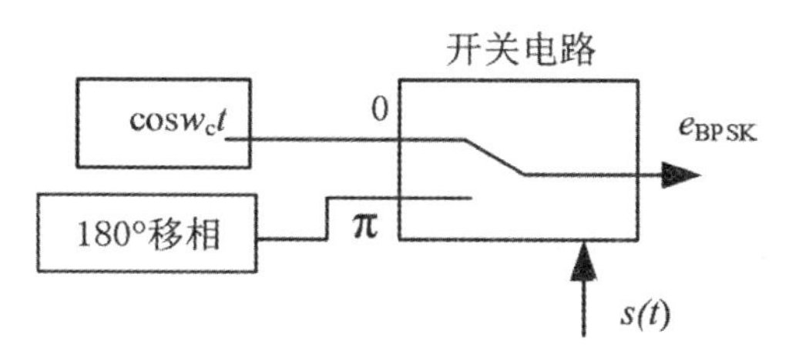

（b）数字键控法

图 5-15　BPSK 调制原理图

BPSK 的表达式如下：

$$e_{BPSK}(t) = A\cos(w_c t + \varphi_n)$$

式中，φ_n 为绝对相位，当发送“0”时，φ_n 为 0，发送“1”时，φ_n 为 π。

同样广泛使用的还有 QPSK（4PSK），当每两个相位之间相差 90° 时，φ_n 的值可能为$0,\frac{\pi}{2},\pi,\frac{3\pi}{2}$。首先，利用模数转换（原信号是模拟信号），或者利用符号编码（原信号是数字信号）将原始信号转换成 0，1 二进制序列，然后将两比特分为一组，将得到一组双比特码元，即由 00、01、10、11 构成的新序列，从而获得一个四进制序列。可以参照图 5-16 和图 5-17 来解释说明 QPSK 调制过程。

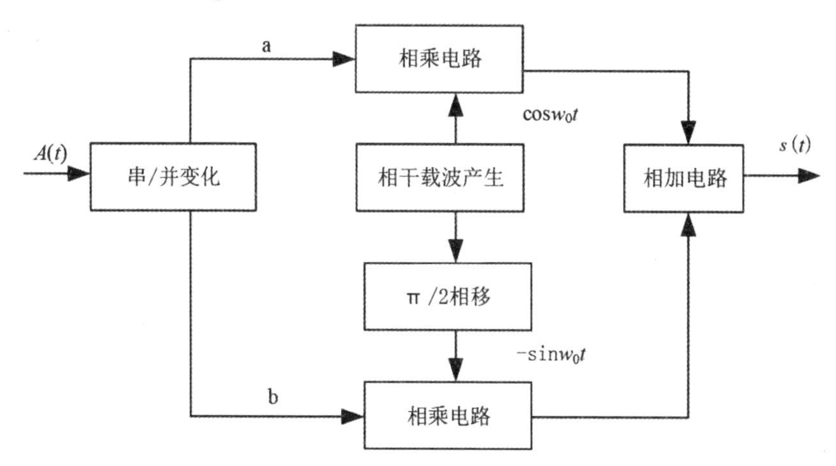

图 5-16　QPSK 相乘电路法调制原理图

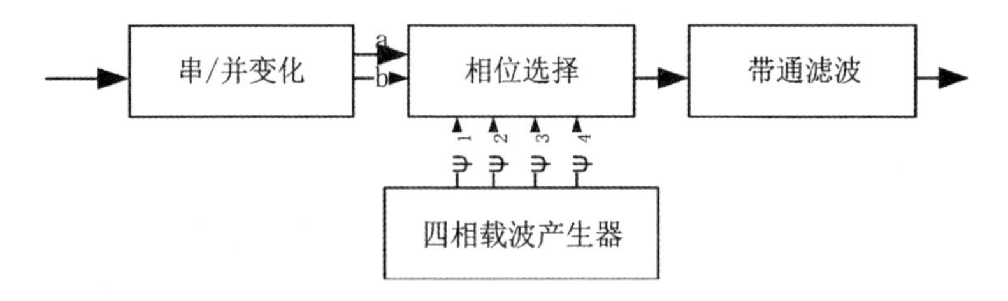

图 5-17　QPSK 选择法调制原理图

QPSK 的表达式：

$$e_{\text{QPSK}}(t)=A\cos(w_c t+\varphi_n)$$

式中，$\varphi_n=\frac{\pi}{2}(n-1),n=1,2,3,4$。

5.2.4 多进制正交幅相调制（MQAM）

正交幅相调制（Multiple Quadrature Amplitude Modulation，MQAM）是一种利用两个独立的基带信号来调控载波，并根据其频谱特性进行相关信号的输出。目前，该方法已被广泛应用于有关领域，MQAM 在通信领域的应用也日益增多。MQAM 的表达方如下：

$$S_{\text{MQAM}}(t)=g_T(t-iT)$$

$$\sum_{i=1}^{N}\sqrt{S_i}A\sin(2\pi f_c t+\theta_i+\theta)$$

式中，$S_i=A_i^2+B_i^2,A_i,B_i\in\left\{2m-1-\sqrt{M},m=1,2,\cdots,\sqrt{M}\right\}$ 为 A_i 和 B_i 之间的关系。

MQAM 是一种矢量调制技术，它可以将输入比特映射到一个复平面上，形成一系列对应的符号，然后再用幅度进行调制，分别对两个正交的载波（$A\cos w_z t$ 和 $A\sin w_z t$）进行调制。结果表明，同单一参数相比较来讲，MQAM 具有更高的调制效率，并且与 M 的大小成比例。

MQAM 技术中最常用的就是 16QAM，它的调制方式包括：一是将两个正交的 4ASK 信号叠加，获得对应的正交调幅法；另一种方法则是将两个 QPSK 信号进行叠加，以获得相应的复合相移法。16QAM 的调制原理可以参照图 5-18。

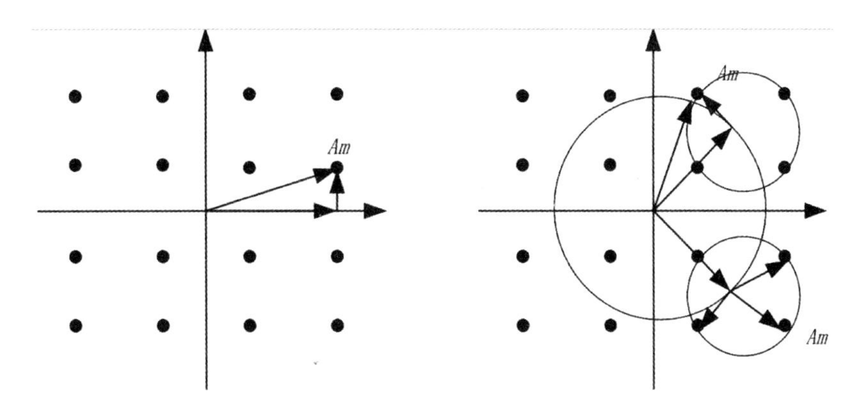

图 5-18　16QAM 调制原理图

相对于传统的调制方式，MQAM 调制方式具有更好的抗干扰性能，因此得到了广泛的应用。

5.2.5 抗噪声性能分析

通信系统的抗噪声性能是指系统克服加性噪声影响的能力。在数字通信系统中，信道噪声有可能使传输码元产生错误，错误程度通常用误码率来衡量。

在信道高斯白噪声的干扰下，各种二进制数字调制系统的误码率取决于解调器输入信噪比，而误码率表达式的形式则取决于解调方式：相干解调时为互补误差函数 $erfc\left(\sqrt{r/k}\right)$ 形式（k 只取决于调制方式），非相干解调时为指数函数形式。

对同一调制方式，采用相干解调方式的误码率低于采用非相干解调方式的误码率，相干解调方式的抗噪声性能优于非相干解调方式。但是随着信噪比 r 的增大，相干与非相干误码性能的相对差别越不明显，误码率曲线有所靠拢。

若采用相干解调，在误码率相同的情况下，$r_{2ASK}=2r_{2FSK}=4r_{BPSK}$，转化成分贝表示为 $\left(r_{2ASK}\right)\text{dB}=3\text{dB}+\left(r_{2FSK}\right)\text{dB}=6\text{dB}+\left(r_{BPSK}\right)\text{dB}$，即所需要的信噪比的要求为：BPSK 比 2FSK 小 3dB，2FSK 比 2ASK 小 3dB；BPSK 和 DBPSK 相比，信噪比 r 一定时，若 $P_{e(BPSK)}$ 很小，则 $P_{e(DBPSK)}/P_{e(BPSK)}\approx 2$，若 $P_{e(BPSK)}$ 很大，则有 $P_{e(DBPSK)}/P_{e(BPSK)}\approx 1$，意味着 $P_{e(DBPSK)}$ 总是

大于$P_{e(\mathrm{BPSK})}$，误码率增加，增加的系数在1~2变化，说明DBPSK系统抗加性白噪声性能比BPSK的要差。总之，使用相干解调时，在二进制数字调制系统中，BPSK的抗噪声性能最优。

若采用非相干解调，在误码率相同的情况下，信噪比的要求为：DBPSK比2FSK小3dB，2FSK比2ASK小3dB。总之，使用非相干解调时，在二进制数字调制系统中，DBPSK的抗噪声性能最优。

在多进制相移键控调制系统中，M相同时，相干解调下MPSK系统的抗噪声性能优于差分相干解调MDPSK系统的抗噪声性能。在相同误码率的条件下，M值越大，差分相移比相干相移在信噪比上损失得越多，M很大时，这种损失约为3dB。

综上所述，各信号按抗噪声性能优劣的排列是BPSK相干解调、DBPSK相干解调（极性比较法）、DBPSK非相干解调（相位比较法）、DQPSK相干解调（极性比较法）、2FSK相干解调、2FSK非相干解调、2ASK相干解调、2ASK非相干解调。

第6章
模拟信号数字传输

经过数字化处理之后，模拟信号可以非常容易地实现时分或码分复用，因此能够有效地提高信道的利用率。在这一章中，我们将重点介绍模拟信号的抽样、量化、编解码，以及语音和图像的压缩编码。

6.1 抽　样

脉冲编码调制(Pulse Code Modulation, PCM)是目前最为常用的一种将模拟信号数字化的一种方法。将时间连续且取值连续的模拟信号,转换为时间离散且取值离散的数字信号。这种数字处理一般包括采样、量化和编码三个阶段,图 6-1 是对模拟信号进行数字化处理的波形示意图。

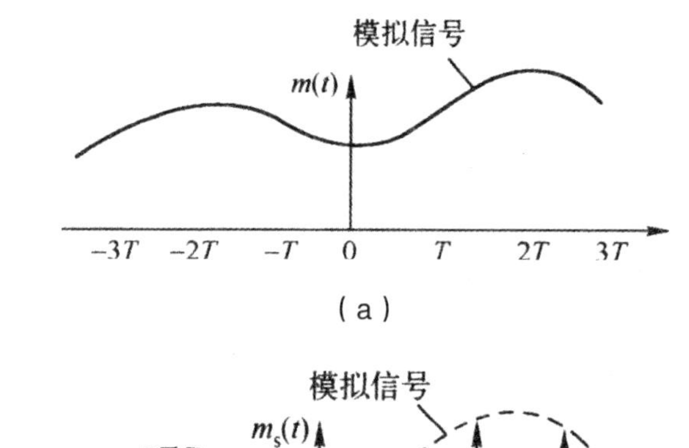

(a)

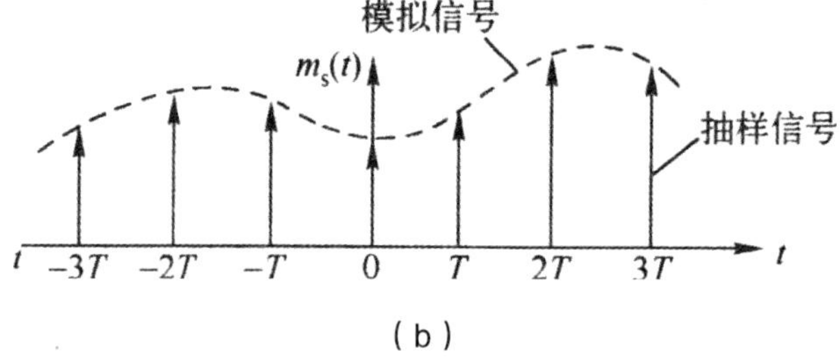

(b)

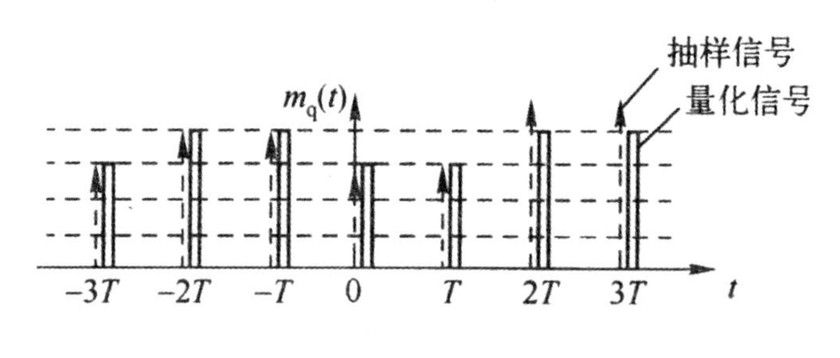

(c)

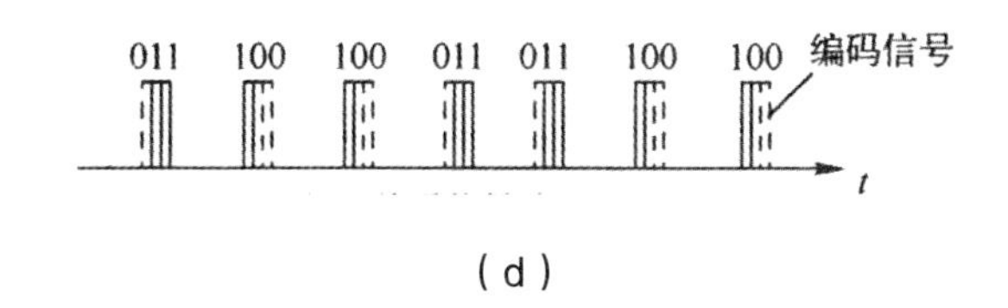

(d)

图 6–1 模拟信号数字化过程的波形示意图

(a)带限模拟信号波形;(b)抽样信号波形;

(c)量化信号波形;(d)编码信号波形

首先采样,将模拟信号转换为时间上离散,但取值上连续的抽样信号;其次量化,即将抽样信号转换为时间上、取值上皆离散的 PAM 信号;最后编码,即将已量化的脉冲信号进行编码,转化为 PCM 信号,用一定位数的二进制码元来表示量化信号的离散取值。

因为经过编码的数字信号携带着原来的模拟信号的信息,等于把它的数据调制成了一个数字码,而通过对这个信号抽样后的一系列的脉冲进行了量化和编码,所以,这种通信方式称为脉码调制通信(PCM)。图 6–2 所示为 PCM 通信系统的工作原理框图。通过抽样、量化和编码,将模拟信号转换为 PCM 信号进行传输。在远距离传输时,需要对其进行多次修复,通过再生中继将畸变后的信号还原为原来的 PCM 信号。再对 PCM 进行编码,将其恢复为与原信号波形十分相似的量化 PAM 信号;然后利用低通滤波器对其进行滤波,便可恢复出原始模拟信号。

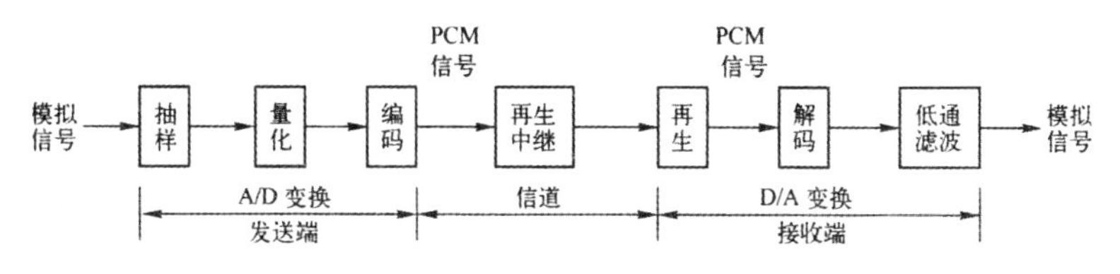

图 6–2 PCM 通信系统原理框图

6.1.1 抽样概述

6.1.1.1 抽样定义

具体地说,就是对于某一时间连续信号 $f(t)$,仅取 $f(t_0)$、$f(t_1)$、

$f(t_2)$、…、$f(t_n)$ 等各离散点数值，就变成了时间离散信号 $f_s(t)$。这个取时间连续信号离散点数值的过程就叫作抽样。具体如图 6-3 所示。

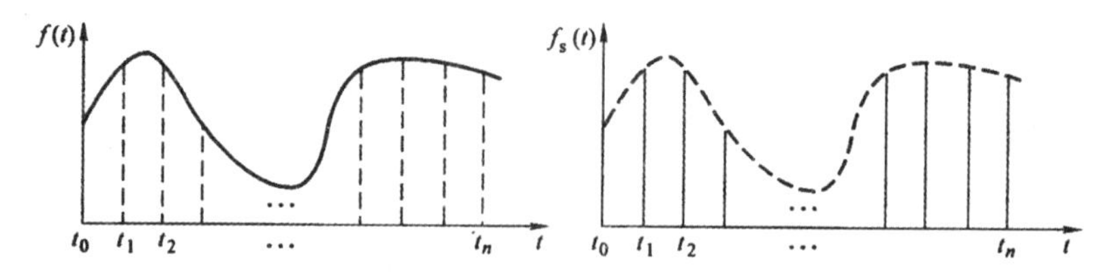

图 6-3　连续信号在时间上离散化的抽样过程

6.1.1.2 抽样的电路模型

图 6-4 所示为实现抽样的电路模型。图 6-4（a）中，当开关 S 周期性打开或关闭于输入信号 $f(t)$ 与接地点之间时，该输出信号变为图 6-4（b）所示的时间离散的采样值信号。其中，T_s 为开关接点的闭合时间，亦被称作抽样时间宽度。

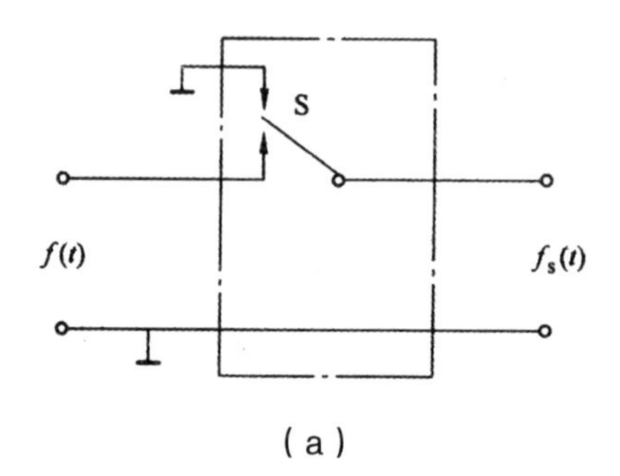

（a）

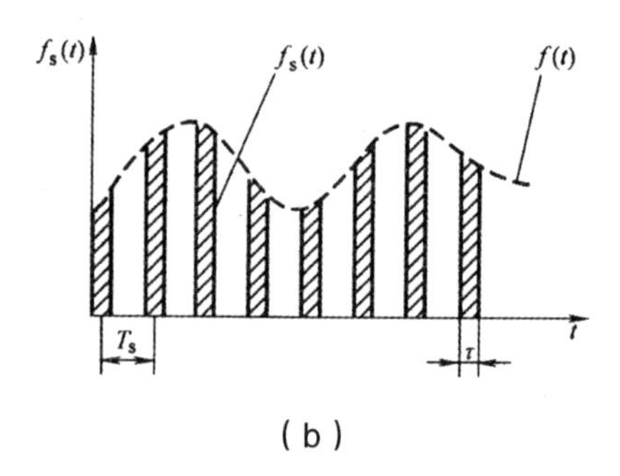

（b）

图 6-4　实现抽样的电路模型

（a）抽样电路图；（b）抽样波形

抽样电路模型可以用图 6–5 中所示的相乘电路模型来表示。图 6–5 中的相乘器抽样电路输出的采样值信号可表示为：

$$f_s(t) = f(t)s_T(t) \tag{6-1}$$

式中，$s_T(t)$ 为开关函数，波形如图 6–6 所示。式（6–1）中 $s_T(t)$ 与图 6–4（a）中的开关 S 作用相同。

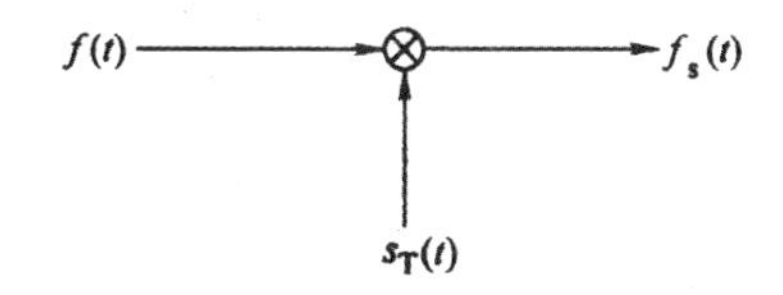

图 6–5　相乘器抽样模型

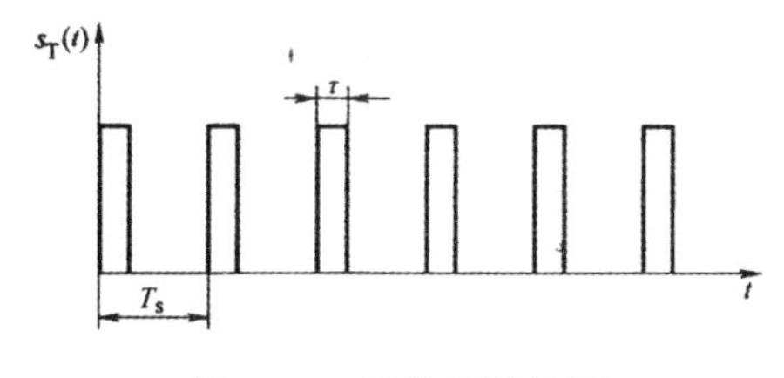

图 6–6　开关函数波形

图 6–7 所示为自然抽样[①]。

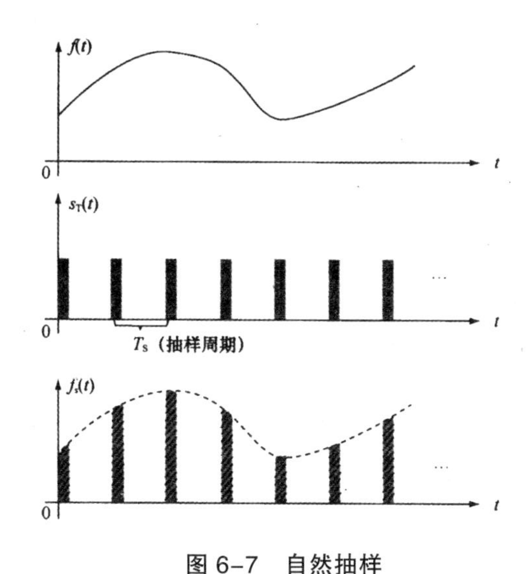

图 6–7　自然抽样

① 所谓自然抽样，是其抽样脉冲有一定的宽度，样值也就有一定的宽度，且样值的顶部随模拟信号的幅度变化。

6.1.1.3 抽样频谱

要知道在何种情况下，接收端可以将原始模拟信号从解码后的采样值序列中恢复，就必须对采样值序列的频谱进行分析。在便于分析的情况下，采用的是理想抽样法。采用理想的单位冲激脉冲序列作为抽样脉冲（即用冲激脉冲近似表示有一定宽度的抽样脉冲）时，称为理想抽样。下面借助于理想抽样来分析抽样频谱。

设抽样脉冲 $s_T(t)$ 是单位冲激脉冲序列，采样值是抽样时刻 nT 的模拟信号 $f(t)$ 的瞬时值 $f(nT)$，如图 6-8（a）所示。

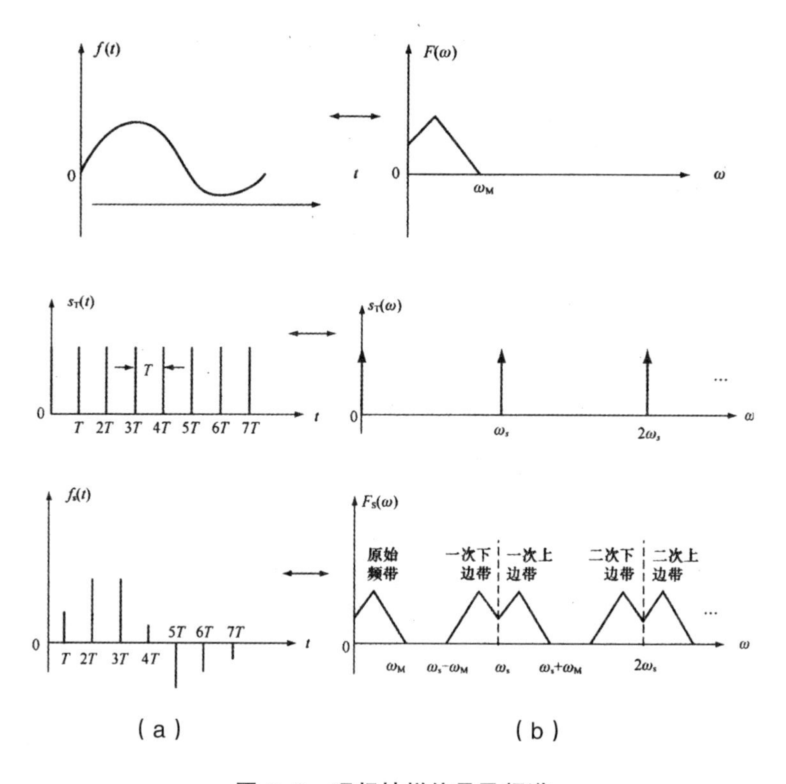

图 6-8　理想抽样信号及频谱

（a）时间波形；（b）频谱

理想抽样时的采样值序列 $f_s(t)$ 的频谱 $F_S(\omega)$ 与原始模拟语音信号 $f(t)$ 的频谱 $F(\omega)$ 之间的关系分析如下所述。

单位冲激脉冲序列 $s_{\mathrm{T}}(t)$ 可表示为：

$$s_{\mathrm{T}}(t)=\sum_{n=-\infty}^{\infty}\delta(t-nT)\text{（}T\text{ 为抽样周期）}$$

$s_{\mathrm{T}}(t)$ 是周期函数，所以可以表示为：

$$s_{\mathrm{T}}(t)=\sum_{n=-\infty}^{\infty}A_n\mathrm{e}^{\mathrm{j}n\omega_s t}\left(\omega_{\mathrm{s}}=\frac{2\pi}{T}=2\pi f_{\mathrm{s}}\right)$$

其中：

$$A_n=\frac{1}{T}\int_{-T/2}^{T/2}s_{\mathrm{T}}(t)\mathrm{e}^{-\mathrm{j}n\omega_s t}\mathrm{d}t$$

在积分界限 $-\frac{T}{2}\sim\frac{T}{2}$，$s_{\mathrm{T}}(t)=\delta(t)$，故：

$$A_n=\frac{1}{T}\int_{-T/2}^{T/2}\delta(t)\mathrm{e}^{-\mathrm{j}n\omega_s t}\mathrm{d}t=\frac{1}{T}$$

因此：

$$s_{\mathrm{T}}(t)=\frac{1}{T}\sum_{n=-\infty}^{\infty}A_n\mathrm{e}^{\mathrm{j}n\omega_s t}$$

由式（6-1）以及频率卷积定理可知：

$$\begin{aligned}F_{\mathrm{S}}(\omega)&=\frac{1}{2\pi}\left[S_{\mathrm{T}}(\omega)*F(\omega)\right]\\&=\frac{1}{2\pi}\int_{-\infty}^{\infty}S_{\mathrm{T}}(\lambda)F(\omega-\lambda)\mathrm{d}\lambda\end{aligned}\tag{6-2}$$

式中，* 为卷积符号。而：

$$S_{\mathrm{T}}(\omega)=\int_{-\infty}^{\infty}\left(\frac{1}{T}\sum_{n=-\infty}^{\infty}\mathrm{e}^{\mathrm{j}n\omega_s t}\right)\mathrm{e}^{-\mathrm{j}\omega t}\mathrm{d}t$$

$\mathrm{e}^{\mathrm{j}n\omega_s t}$ 的傅氏变换为 $2\pi\delta(\omega-n\omega_{\mathrm{s}})$，所以可得出：

$$S_{\mathrm{T}}(\omega)=\frac{1}{T}\sum_{n=-\infty}^{\infty}2\pi\delta(\omega-n\omega_{\mathrm{s}})$$

即：

$$S_{\mathrm{T}}(\omega)=\omega_{\mathrm{s}}\sum_{n=-\infty}^{\infty}\delta(\omega-n\omega_{\mathrm{s}})\tag{6-3}$$

由式（6-3）可知，当一个具有 T 周期的单位冲激脉冲序列，其傅氏变换在频域范围内也是一个冲激脉冲序列，强度增大 ω_{s} 倍，频率周期为 $\omega_{\mathrm{s}}=\frac{2\pi}{T}$。

将式(6-3)代入式(6-2)有:

$$F_{\mathrm{S}}(\omega)=\frac{1}{2\pi}\int_{-\infty}^{\infty}F(\omega-\lambda)\omega_{\mathrm{s}}\sum_{n=-\infty}^{\infty}\delta(\lambda-n\omega_{\mathrm{s}})\mathrm{d}\lambda$$

$$=\frac{1}{T}\sum_{n=-\infty}^{\infty}\int_{-\infty}^{\infty}F(\omega-\lambda)\delta(\lambda-n\omega_{\mathrm{s}})\mathrm{d}\lambda$$

故:

$$F_{\mathrm{S}}(\omega)=\frac{1}{T}\sum_{n=-\infty}^{\infty}F(\omega-n\omega_{\mathrm{s}})\text{(理想抽样)} \tag{6-4}$$

式(6-4)表示,抽样后的采样值序列频谱 $F_{\mathrm{S}}(\omega)$ 是由无限多个分布在 ω_{s} 各次谐波左右的上下边带所组成,而其中位于 $n=0$ 处的频谱就是抽样前的语音信号频谱 $F(\omega)$ 本身(只差一个系数 $\frac{1}{T}$),如图 6-8(b)所示。即采样值序列频谱 $F_{\mathrm{S}}(\omega)$ 包括原始频带 $F(\omega)$ 及 $n\omega_{\mathrm{s}}$ 的上、下边带($n\omega_{\mathrm{s}}$ 的下边带是: $n\omega_{\mathrm{s}}-$原始频带; $n\omega_{\mathrm{s}}$ 的上边带是: $n\omega_{\mathrm{s}}+$原始频带)。

从图 6-7 可以看出,采样值序列的频谱被扩大了,但是采样值序列包含了原始的模拟信号的信息,所以可以对模拟信号进行抽样处理。经过抽样后,既方便了量化编码,又在时域内实现了对模拟信号的压缩,为实现时分复用提供了可能。在接收端中,要想还原出原始的模拟信号,就需要把 ω_{s} 所在的下边带频谱能和原来的模拟信号分离开来。

6.1.2 低通模拟信号的抽样

设模拟信号 $f(t)$ 的频率范围为 $f_0 \sim f_{\mathrm{H}}$, $B=f_{\mathrm{H}}-f_0$ 。若 $f_0<B$,则该信号称为低通型信号(语音信号等属于低通型信号);若 $f_0\geq B$,则该信号称为带通型信号。下面主要介绍低通模拟信号的抽样。

如图 6-7 所示的自然抽样即为低通型信号的抽样。设原始模拟信号的频带限制在 $0 \sim f_{\mathrm{H}}$ (f_{H} 为模拟信号的最高频率),由图 6-9 可知,在接收端,只要用一个低通滤波器把原始模拟信号(频带为 $0 \sim f_{\mathrm{H}}$)滤出,就可获得原始模拟信号的重建[即滤出式(6-4)中 $n=0$ 的成分]。但要获得模拟信号的重建,从图 6-9(b)可知,必须使 f_{H} 与 $f_{\mathrm{H}}-f_{\mathrm{s}}$ (f_{s} 表示抽样频率)之间有一定宽度的保护频带。否则, f_{s} 的下边带将与原始模拟信号的频带发生重叠而产生失真,如图 6-9(c)所示,这种失真所产生的噪声称为折叠噪声。

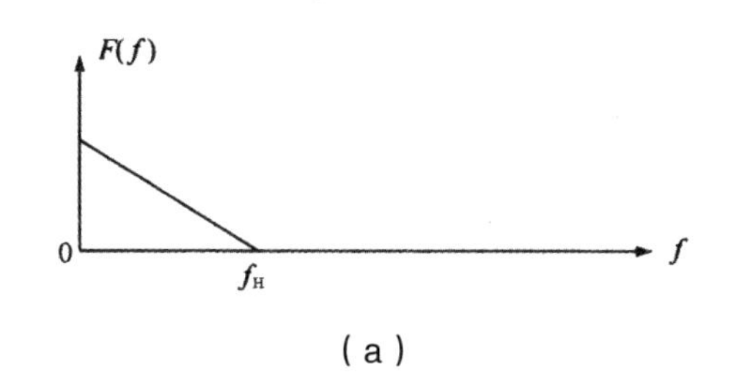

（a）

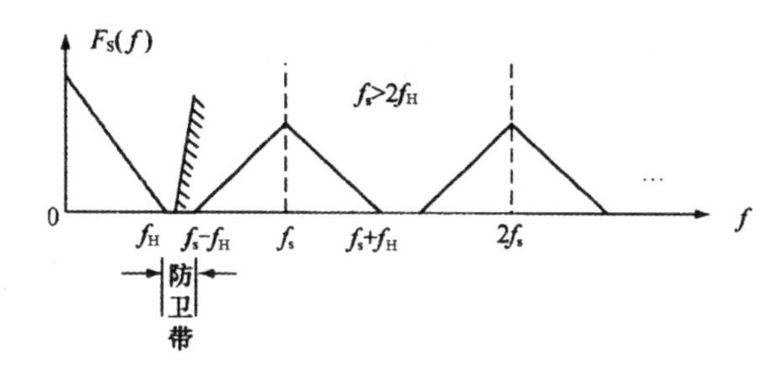

（b）

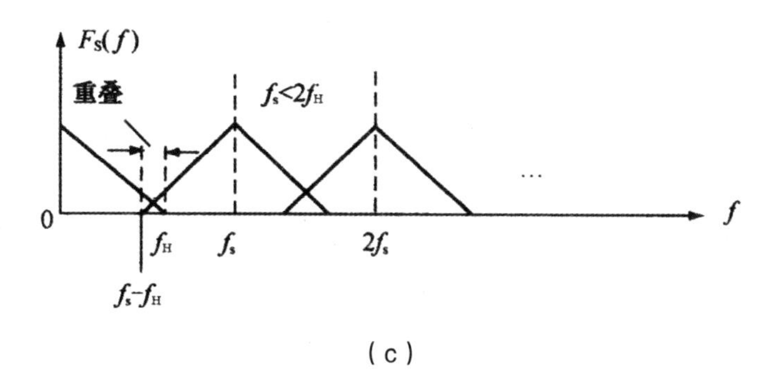

（c）

图 6-9　抽样频率 f_s 对频谱 $F_S(f)$ 的影响

（a）原始模拟信号频谱；（b）$f_s > 2f_H$ 时抽样信号的频谱；
（c）$f_s < 2f_H$ 时抽样信号的频谱

为了避免产生折叠噪声，对频带为 0 ~ f_H 的模拟信号，其抽样频率必须满足下列条件：

$$f_s \geqslant 2f_H \text{或} T \leqslant \frac{1}{2f_H}$$

即“一个频带限制在 f_H 以下的连续信号 $f(t)$，可以唯一地用时间每隔 $T \leqslant \dfrac{1}{2f_H}$ 的采样值序列来确定”，这就是著名的抽样定理。

语音信号的最高频率限制为3400Hz，这时满足抽样定理的最低的抽样频率应为f_{smin}=6800Hz，为了留有一定的保护频带，CCITT规定语音信号的抽样频率为f_s=8000Hz，这样就留出了8000Hz-6800Hz=1200Hz作为滤波器的保护频带。

应当指出，抽样频率f_s不是越高越好，f_s太高时，将会降低信道的利用率（因为f_s的升高会导致数字信号带宽变宽，信道利用率降低）。所以只要能满足$f_s \geqslant 2f_H$，并有一定频宽的保护频带即可。

6.2 量化

尽管采样后的信号在时间上是离散的，但幅值是连续变化的，也就是说，幅值可能有无限多个，因此，系统无法将其直接编码，必须将采样信号的幅值离散化，这一过程被称为"量化"。量化就是把时域上幅值连续的采样信号转化为时域上幅值离散的采样值序列信号，即把PAM信号转化为PCM信号，把无限多个幅度的幅值替换为有限多个取值。在量化处理中的幅度被称作量化级，限取值称为量化值，并以Δ来表示。在进行量化时，存在着一定的误差，这就是量化误差。量化误差=量化值－采样值，使用$e(t)$表示。量化误差在电路中形成量化噪声，是影响数字通信的主要噪声源。

量化分为均匀量化和非均匀量化两种。

6.2.1 均匀量化

均匀量化是将量化区内均匀等分若干个小间隔，间隔的数目称为量化级数。从图6-10可以看出，均量化后的量化级差在整个信号电平上是均匀分布的，也就是说，无论信号大小，量化级差都是一样的。

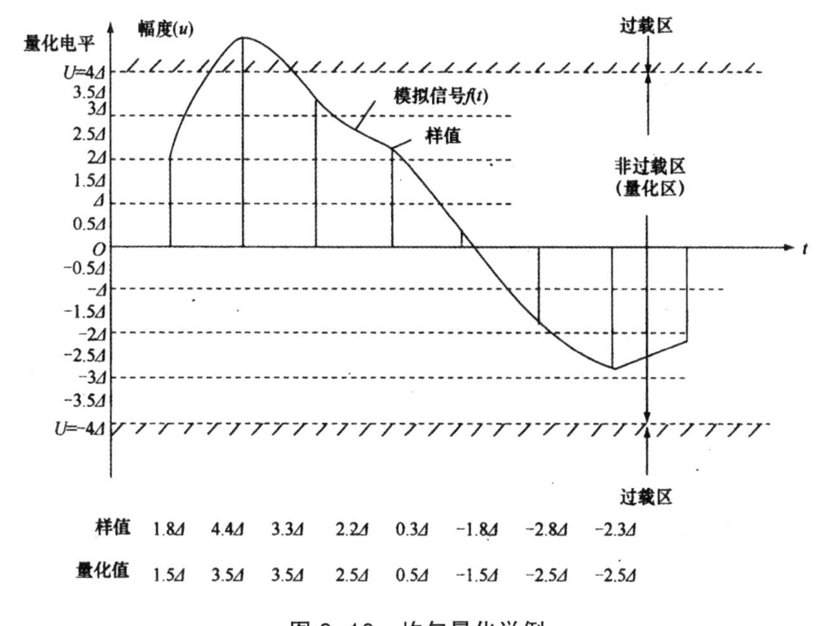

图 6-10　均匀量化举例

在实际通信中,不适合进行均匀量化。由于均匀量化中的量阶值是恒定不变的,不依赖于输入采样值。因此,对于大、中、小信号,量化噪声比都是相同的,从而使小信号的信噪比较低,而大信号的信噪比较高。

6.2.2 非均匀量化

非均匀量化是指在不增加量化级数的情况下,通过降低大信号的量化信噪比,实现对小信号量化信噪比的改善。为了提高小信号的信噪比,通常使用非均匀量化器。当输入信号较大时,其量阶大。采用这种方法,可以使系统在不同的输入信号中获得近似一样的信噪比,并且可以使整体的量化阶少于均匀量化。它可以减少代码的长度,增加通信的效率。

非均匀量化的原理见图 6-11。基本思路是将信号进行一次处理后再进行均匀量化,从而实现大信号的压缩和小信号的放大。

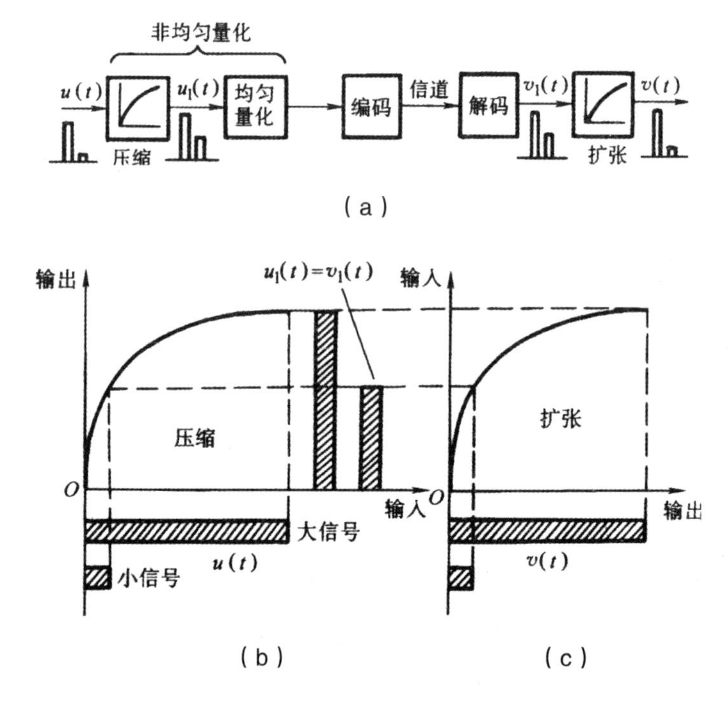

图 6-11 非均匀量化的原理示意图

该方法可以有效地提高小信号的幅度和信噪比。这种处理过程一般简称为压缩量化,由一个压缩器来实现。本质在于"压大补小",即在全动态范围内,大、小信号的信噪比较接近。在通信系统中,与压缩器相对应的是膨胀器,这两种特性正好相反。

6.3 编码与解码

用一组二进制码来表示每个量化值的过程叫作编码。在实际设备中,编码与量化是同步进行的。

编码所遵循的规律即为码型。常用的码型有普通二进制码、折叠二进制码,以及循环二进制码。表 6-1 是由 4 位码作为示例构造的不同码型的码组。

自然二进制编码遵循二进制数的自然法则。该折叠二进制码除了最高位外,其他的都是对折的对称关系。二进制码的首位代表了一个信号的极性,称为极性码。极性码是 1,表示信号为正;如果是 0,就意味着是一个负的信号。在现有的编码码型中,自然二进制码容易受到极性码误差的影响,产生很大的误差,而折叠二进制的幅度编码不依赖于极性,因此,在编码时,只需要按照极性来确定极性码,后续的编码不需要考虑极性,因此编码过程非常简单。总体上,采用二进制码比自然二进制码对信号的误差较小,有助于降低信号的平均量化噪声。

表 6-1　以 4 位码为例构成的各种码型的码组

电平序号	普通二进制码	循环二进制码	折叠二进制码
0	0000	0000	0111
1	0001	0001	0110
2	0010	0011	0101
3	0011	0010	0100
4	0100	0110	0011
5	0101	0111	0010
6	0110	0101	0001
7	0111	0100	0000
8	1000	1100	1000
9	1001	1101	1001
10	1010	1111	1010
11	1011	1110	1011
12	1100	1010	1100
13	1101	1011	1101
14	1110	1001	1110
15	1111	1000	1111

6.3.1 逐次反馈比较型编码器编码

有多种编码器,以下将对最常见的逐次反馈比较型编码器的编码流程进行说明。逐次反馈比较型编码器使用二进制码来编码采样值的信号。

对折二进制码是当前 A 律 13 折线 PCM30/32 通道通信系统中使用的一种码型。编码的本质是在码组与量化值之间建立起一一对应关系。通常情况下,选择 8 比特 PCM 编码可以获得较好的通信效果。

设 8 位码为 $c_1c_2c_3c_4c_5c_6c_7c_8$,如图 6-12 所示为 8 位码组的排列方式。

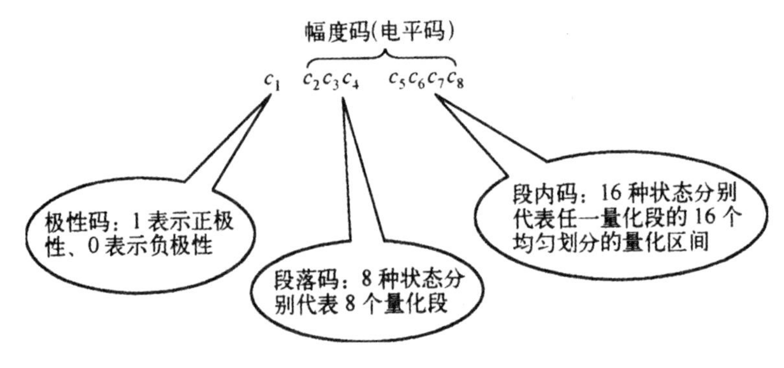

图 6-12　8 位码组的排列方式

8 比特码中，除了第一个比特是极性码之外，其他 7 比特码都被称作幅度码或者电平码，这些码都是用来表示采样值信号幅度的。幅度码的 $c_2c_3c_4$ 为段落码，共有 8 种组合状态；$c_5c_6c_7c_8$ 称为段内码，共有 16 种组合状态。

在逐次反馈比较型编码中，仅需 11 种基本权值，分别为 1Δ、2Δ、4Δ、8Δ、…、1024Δ，从这些基本权值中可以得到任意一个所需的幅度权值。当确定信号落在哪一个量化区间时，也无需顺序地与各量化区间的最大值进行比较，只需要将量化区间个数的中分点对应电平作为每次的比较权值，这样一次比较就能剔除一半的量化区间，前一次比较的结果用作反馈信息，就能确定下一次的比较权值，不管采样值信号有多大，按照这个方式，只需要进行 8 次的比较就可以确定它的确切位置，由此，就可以编写出 8 比特 PCM 码。

PCM 编码过程分三个步骤来进行。假设权值信号用 I_W 来表示，采样值信号用 I_S 来表示。

（1）编极性码（c_1）。可看作一次比较，若 $I_S \geqslant 0$，则 $c_1 = 1$；若 $I_S < 0$，则 $c_1 = 0$。

（2）编段落码（$c_2c_3c_4$）。需要经过三次对分比较。第一次对分点电平是 128Δ；第二次对分点电平是 512Δ（当 $c_2 = 1$ 时）或 32Δ（当 $c_2 = 0$ 时）；第三次对分点电平是 1024Δ（当 $c_2 = 1$，$c_3 = 1$ 时），或 256Δ（当 $c_2 = 1$，$c_3 = 0$ 时），或 64Δ（当 $c_2 = 0$，$c_3 = 1$ 时），或 16Δ（当 $c_2 = 0$，$c_3 = 0$ 时）。判决流程如图 6-13 所示。

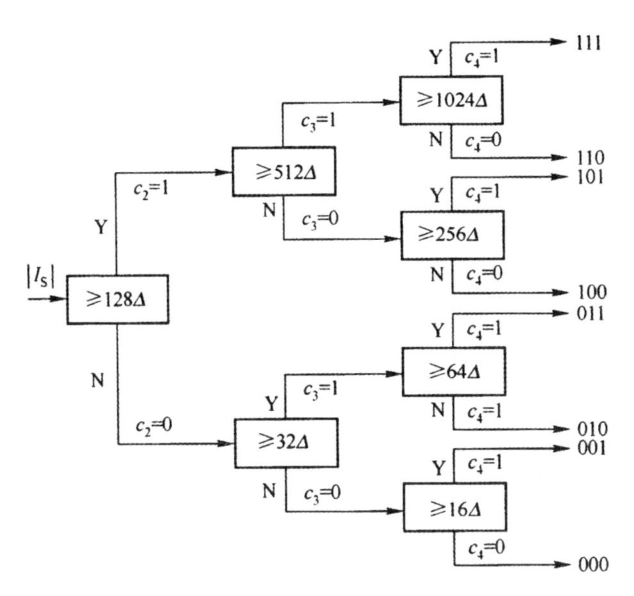

图 6-13　段落码编码流程图

（3）编段内码（$c_5c_6c_7c_8$）。在确定了段落码之后，就确定了这个量化段的起始电平与量化段的量化间隔。通过以下公式来确定每个权值信号。

$$I_{W5}=I_{Bi}+8\Delta_i$$

$$I_{W6}=I_{Bi}+8\Delta_i c_5+4\Delta_i$$

$$I_{W7}=I_{Bi}+8\Delta_i c_5+4\Delta_i c_6+2\Delta_i$$

$$I_{W8}=I_{Bi}+8\Delta_i c_5+4\Delta_i c_6+2\Delta_i c_7+\Delta_i$$

再经过 4 次比较，就可以得到 4 位的段内码。步骤是这样的：

$$若\left|I_S\right|\geqslant I_{W5},c_5=1;\left|I_S\right|<I_{W5},c_5=0$$

$$若\left|I_S\right|\geqslant I_{W6},c_6=1;\left|I_S\right|<I_{W6},c_6=0$$

$$若\left|I_S\right|\geqslant I_{W7},c_7=1;\left|I_S\right|<I_{W7},c_7=0$$

$$若\left|I_S\right|\geqslant I_{W8},c_8=1;\left|I_S\right|<I_{W8},c_8=0$$

在图 6-14 中，示出了逐次反馈比较型 PCM 编码器的结构框图。它的基本电路包括两个主要的部分：比较判决与码形成电路、判定值提供电路（本地译码器）。

经采样保持的 PAM 信号分成两路，其中一路被送到极性判决电路来产生极性码 c_1；另外一路经过全波整流馈入的比较码形成电路和由本地译码器产生的判定值相比较后进行比较编码，用来产生 $c_2c_3c_4c_5c_6c_7c_8$。

本地译码器的作用是将 $c_2c_3c_4c_5c_6c_7c_8$ 逐位反馈，经串 / 并变换并记忆为 $M_2 \sim M_8$，再将 $M_2 \sim M_8$ 经 7/11 逻辑变换得到相应的 11 位线性码 $B_1 \sim B_{11}$，它们分别与权值 1024Δ、512Δ、256Δ、$\cdots 4\Delta$、2Δ、Δ 对应，最后由 $B_1 \sim B_{11}$ 控制线性解码网络产生相应的判定值 I_W，且 $I_W = \left(1024B_1 + 512B_2 + \cdots + 2B_{10} + B_{11}\right)$。

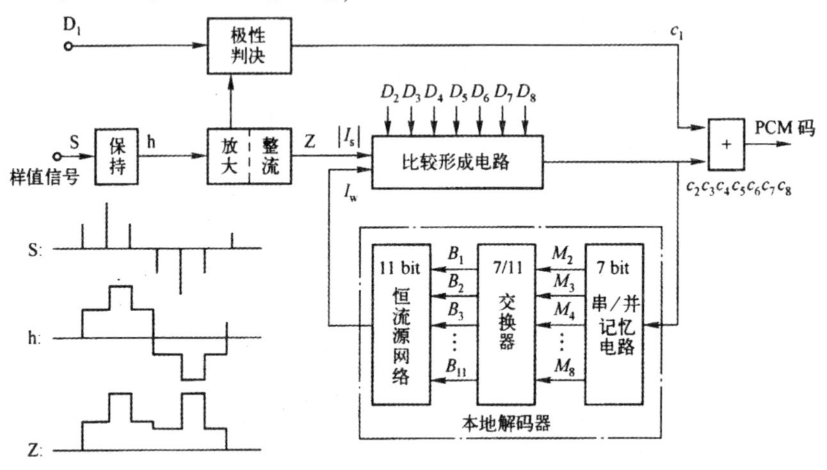

图 6-14　逐次反馈比较型 PCM 编码器组成框图

6.3.2 接收端解码器解码

接收端解码器的作用是将收到的 8 位 PCM 码还原成相应的 PAM 信号，原理框图如图 6-15 所示。

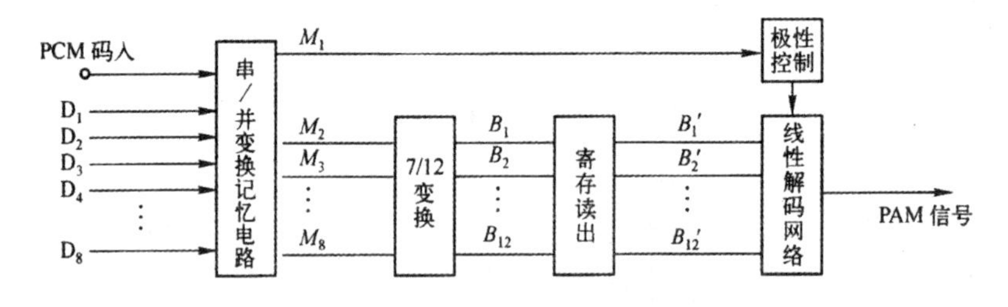

图 6-15　接收端解码器原理框图

接收端解码器与本地解码器不仅电路结构相似，原理也基本相同，这里不再对其原理作详细阐述，重点介绍二者的区别之处。

（1）增加了极性控制部分。PAM 信号的极性取决于所收到的 PCM 信号的极性码 c_1 是“1”码还是“0”码，极性码的状态记忆在寄存器 M_1 中，通过 M_1= “0” 或 M_1= “1” 对“极性控制” 电路进行控制，从而能够将已解码的 PAM 信号的极性恢复为与发送端一样。

（2）逻辑变换部分由原来的“7/11 变换” 改为“7/12 变换”。究其原因，是由于发端量化中所使用的“舍去法”，所引入的最大误差为一个量化间隔。为了减少量化误差，在接收端人工加了半个量化间隔，达到了等效于“四舍五入法” 的量化效果。当信号落入第 1 和第 2 个量化段时，量化间隔为 1 Δ，半个量化间隔是 1/2 Δ，而最初的 11 个基本权值中没有 1/2 Δ，所以再加上一个比特码 B_{12}，使其权值为 1/2 Δ，即 12 位线性码（或 7/12 变换）的由来。

（3）增加了寄存读出电路。与发送端的本地解码器不同，接收端解码器不是在接收到反馈的 1 位码时就进行解码，而是要等 8 位码全部收集完毕后再进行解码，所以要先存储先前接收到的码组，所以增加了寄存读出电路。

6.4　语音和图像压缩编码

在移动通信中，话音业务是最主要的业务，宝贵的无线频谱资源要求每个用户占用的频段越窄越好，而占用频段的大小直接与通话语音的压缩率有关。在多媒体通信中，必须先将图像数据进行压缩，才能将图像数据经由带宽限制的传送线传输。在对数字语音、图像等信息进行存储的同时，还必须对其进行压缩，以节约存储介质。可以看出，语音与图像的压缩编码，目标是在不影响其质量的情况下，尽量减少其编码比特率，从而实现窄带信道低速率传输的要求及实现语音和图像的高效存储。

由于数字语音数据规模庞大，因此迫切需要研究有效的话音源压缩编码方法。传统的语音信源压缩方式是通过对信息的符号冗余来进行压缩，它是一种语法层面上的信息处理方式，将数据视为一个连续的序列，没有考虑到符号间的复杂依赖关系。

语义压缩是当前语音压缩研究的新热点，核心思路是从语义层面上对信息进行处理，并通过符号之间的关联关系对所要表达的含义进行全面的理解，从而实现对数据的压缩。

当前，面向文本、语音、图像、视频等多个源模态的语义通信模型可以在保证信息语义保真的前提下进行低成本的传输，具有很强的应用潜力，然而，已有的研究主要集中在通信系统中，语音语义提取手段相对单一。

6.4.1 语音压缩编码

6.4.1.1 传统语音压缩编码

语音压缩编码技术主要有三类，即波形编码、混合编码和参数编码。高速率编码（16~64kb/s）多采用波形编码，中速率编码（4.8~16kb/s）多采用混合编码方式，低速率（2.4~4.8kb/s）及极低速率（2.4kb/s 以下）编码主要是参数编码。

波形编码、混合编码技术的典型代表分别为 1972 年由 ITU-T（International Telecom Alliance）发布的语音编码标准 G.7111，以及 1996 年发布的语音编码标准 G.729。前者采用 PCM（脉冲编码调制）对音频进行采样，然后将其进行量化，是目前应用最为广泛的一种压缩编码技术，可获得较高的语音质量，但要求带宽为 64kb/s。后者采用码激励线性预测编码（Code Excited Linear Prediction，CELP），在只需 8kb/s 带宽的情况下就可以获得很好的音质，因其压缩比较高、合成语音质量也较高，应用范围极广。

针对低速率编码，参数编码技术通过建立语音信号模型，传输模型参数，以 LPC、MELP 等为代表，获得较高的压缩比。由于编码速率越低，所能容纳的信息就越少，因此，如何在较低的传输速率下保持较高的质量是当前语音领域的一个重要课题。虽然目前已实现了 300bps~2.4 kb/s 的低比特率，但合成的语音信号仍然面临着自然度低和噪声敏感等问题。

6.4.1.2 语音语义压缩方法

现有的各种编码方式,如波形编码、混合编码、参数编码等,均以语音信号的统计模型为基础,以尽量减少噪声损耗为目的,在低码率条件下性能不理想。在此基础上,提出了一种基于语义层面的语义压缩方法,核心是所提取的高维语义特征具有智能和简约的特点。

近年来,随着深度学习在语言处理领域的兴起,人们开始对语音进行语义压缩。语音的语义压缩方法可大致分为两类,第一类方法以最小化端到端损失为目标,即利用神经网络的自学习能力,从语音中直接提取关键特征,并将其转化为语音信号进行压缩。虽然这类方法在语音通信中获得了很大的性能改善,但是其对语音中的语义提取仍然比较简单和粗糙,而且可解释性不强。第二种方法将语音源的语义看作内容,利用神经网络对语音进行提取,对语音进行压缩,再将文本内容恢复到接收器,并结合语音合成的方法重新合成语音,但这种方法所产生的语音丢失了原有语音的音色、音调等语义特性,无法完整地重构出原始语音。

6.4.2 图像压缩编码

6.4.2.1 图像压缩研究现状

图像编码作为数字信号处理的重要分支,从1948年数字电视信号诞生开始就展开了相关研究工作。按照能否将图像完全还原,分为有损压缩与无损压缩,其中无损压缩的相关技术通过消除数据冗余减少数据量,这种方法虽然可以将图像完全还原,但其压缩率受数据冗余度的限制,无法完全满足如今的图像压缩需求。有损压缩虽然无法完全恢复原始图像,但是其利用了人类视觉系统(Human Vision System, HVS)对图像中某些内容不敏感的特性,导致图像中的失真对HVS影响小,并且具有较高的压缩比。目前主流的图像压缩方法如JPEG、BPG、VVC等均为有损编码。

JPEG 由(Joint Phophic Expert Group, JPEG)研发。该方法首先将图像划分为 8×8 小块,之后通过 DCT 变换将每个块由像素域变换到频域。DCT 可以将相同频率的能量集中,高频信息集中在右下区域,低频信息集中在左上区域。通过量化去除对人类视觉不敏感的信息,在尽可能不影响图像质量的情况下减少码率。

BPG(Better Portable Graphics)编码方法由 Fabrice Bellard 提出。该方法将 HEVC40 中的一些技术改良后运用到了图像编码,以提升图像编码性能。同时提供有损和无损两种编码方案。其熵编码部分采用基于上下文的自适应二进制算术编码(Context-based Adaptive Binary Arithmetic Coding, CABAC),进一步减少了空间冗余信息。

Algorithm description for Versatile Video Coding and Test Model (VTM)由 Joint Video Experts Team (JVET)于 2019 年提出,其帧内预测方法进一步减少了空间冗余信息,目前 VTM 作为性能最好的传统编码方法被广泛用作评价编码性能优劣的基线。

随着深度学习的发展,深度学习图像压缩逐步受到越来越多的关注。端到端的深度学习图像压缩是由 Ballé 等人(2016)首次提出,使深度学习可以有效应用于图像压缩领域。之后, Ballé 等人(2018)进一步提出使用超先验模型来捕捉潜在表征中的空间依赖性。在 Balle 的基础上, Cheng 等人(2020)提出了使用高斯混合模型来准确预测潜在表征的分布,并利用注意力模块来处理具有更复杂纹理的区域。Lu 等人(2021)使用 Swin Transformer 提高编码性能, Swin Transformer 具有全局建模能力,可以减少长距离的冗余信息。

6.4.2.2 传统图像压缩算法

在传统的图像压缩算法中,根据其工作原理,通常将其划分为无损压缩和有损压缩两类。

无损压缩方法,就是在对图像进行压缩后,图像中所包含的信息和原图像信息是完全一致的,而且在压缩过程中是可逆的。在医学图像、指纹图像、遥感图像等图像处理中常采用无损压缩方法。传统无损压缩中常用到以下编码。

(1)霍夫曼编码。霍夫曼编码就是在信息出现频率高的情况下,用更短的字长来处理,对于出现频率低的信息用更长的字长来处理。用此方法进行压缩,可以获得最短的码流。

（2）游程编码。游程编码是当图像的像素矩阵中存在相同的连续像素值时,采用游程编码可以将这段相同的像素值压缩为两个字符。例如,游程编码可以将 ABBCCC 输出为 1A2B3C。在不同的领域有不同性能,往往将游程编码与其他压缩技术混合使用。

（3）算术编码。算术编码是对输入的信息符号进行操作。将符号信息转换为 0.0~1.0 之间的小数,得出各符号出现的概率,并按此顺序对其进行排序。符号出现的概率越高,间隔的宽度越大。最后,对其进行迭代和编码。

图像有损编码是一种压缩率很高的压缩方法,广泛应用于网络图像、流媒体、视频中。与无损编码相比,有损编码由于其压缩率更高、适用范围更广等优点,在不断地发展中取得了长足的进展。常见的图像有损编码包括:

（1）预测编码。预测编码就是利用所接收到的信息,对尚未接收到的信息进行分析和预测,取其中可能性较大的一个作为预测值。当预测值和实际值有差异时,编码器将对这些差异进行处理。预测编码是根据不连续信号间的相关关系来实现的。如果相差很小,则只需用较少码数进行编码来达到系统要求。

（2）分形编码。分形的方法是把一幅数字图像,通过一些图像处理技术将原始图像分成一些子图像,然后在分形集中查找这样的子图像。分形集存储许多迭代函数,通过迭代函数的反复迭代,可以恢复原来的子图像。压缩比高,压缩后的文件容量与图像像素数无关,压缩时间长但解压缩速度快。

（3）子带编码。子带编码是在带通滤波器中,将所有的信号频率分别划分成不同的子带。将各个子带平移至接收特定频率的零频区域,并对其进行采样,获得数值编码符号。在解码过程中,首先对码流进行分解,并将其与各子带信息进行融合,最终实现对图像的重构。

6.4.2.3 基于深度学习的图像压缩算法

基于深度学习的图像压缩由于潜力大、发展迅速、压缩比高、解压速度快等优点得到了人们的重视，比起传统压缩编码，基于深度学习知识的压缩编码是科学界高度重视与发展的图像编码技术之一。

Chao Dong 等(2015)提出了 ARCNN 网络，这是一种新的架构，主要是为了解决图像压缩之后的重构问题。新架构的提出也开始展示了深度学习在图片压缩上的前景。

2016 年，George Toderici 等人提出一种 RNN 网络构架，新的构架建立在卷积过程 LSTM 上。图像的压缩比由残差自编码器重复时间与产生 representation 的比特数所决定。2017 年，George Toderici 等人又提出了一种对原始图像与残差图像进行压缩的编码模型，这种模型也是基于 RNN 结构，这种方法为迭代压缩的方法，可以更好地重构图像，不过这种方法存在一定的局限性，一方面表现为在训练时会限制 R-D 性能，另一方面是在高频残差的表现局限性。

Johannes Ballé 等人(2016)提出了一种率失真优化的有损压缩网络架构，这种方法定义新的熵损失函数，通过把自编码器与 Rate-Distortion 优化结合，得到率失真的优化曲线，然后可以通过求曲线切线值获得优化压缩模型。

Li (2018)等提出了一种新的观点，即图片中的局部内容变化很大，而比特分配必须以重要性图为指导，重要性图是受内容加权的，每个部分的比特比例应该与局部内容相适应。

Mentzer 等(2018)为了进行空间上的比特分配，将重要性图加入到编码器的输出部，它是由编码器的上一层中的第一个特征图功能映射而产生的，并以特征化的形式来解释重要性，显示了可以动态地调节一幅图片在不同的空间位置上所使用的信道数量，从而达到比特率分配的目的。

Duan 等(2019)根据 QoE 提出了一种以内容感知为基础的图像压缩算法，该算法通过产生对抗网络对图像进行压缩，从输入图像中抽取出显著性部分，并在此基础上实现自适应的比特分配。在显著性和非显著性的部分，采用平均误差法(MSE)和感知损耗。

另外，Jiang等人（2016）继续将神经网络与传统压缩技术相结合，使其共同发展，这种工作思路主要是基于不同的压缩需求，需要不同的压缩技术进行实践，也改善了压缩技术在实际应用中的思路。

Minnen等（2018）采用自回归的先验信息，更好地实现了压缩效率的提高，实现了更好的性能，这些都是传统算法没有达到的。用于学习图像压缩的上下文自适应熵模型，在所有的编码译码器中都可以得到更好的效果。此后，高斯混合模型引起了许多学者的注意。

还有研究者采用Soft-to-Hard方式来控制量化，压缩网络训练流程；采用内容自适应的量化方法，通过加入重要性图控制压缩过程的量化；在生成对抗网络的基础上提出了一种新的编码，将金字塔结构与生成对抗网络结合起来，实现了很好的图像重建效果。

6.4.2.4 感知图像编码

传统编码以信息论与数字信号处理为基础（如JPEG、BPG、VVC）等），通过线性变换去除冗余信息（如小波变换、离散余弦变换），之后搭配量化与熵编码等方式实现图像编码。该类方法压缩的图像与原图相比可以极大降低数据量，然而随着技术的发展，其去除客观冗余信息的能力已经接近极限，且HVS（人类视觉系统）的生理与心理特点很难引入其中。HVS是一个复杂且难以建模的系统，并非所有信息都会被HVS感知，HVS对图像中不同内容的敏感度也不同。感知编码可以针对人类视觉系统进行优化，在一定程度上克服了传统编码的缺陷。感知编码考虑HVS特性，进一步减少视觉冗余信息，以提升性能。JND作为HVS的一个重要特性，已经广泛应用于图像编码领域。基于JND的感知编码可以减少HVS注意不到的冗余信息，在降低码率的同时不影响感知质量。

随着机器学习的发展与应用，大量图片交给机器任务处理，机器视觉同样也有图像编码的需求。与HVS不同，DMV更关注任务相关的语义信息，所以需要针对机器视觉设计全新的感知编码算法。其中第一步就是对机器视觉系统进行建模，以便在编码时减少冗余信息，因此DMV-JND9（深度机器视觉最小可觉差，Deep Machine Vision-Just Noticeable Difference）作为与HVS-JND（人类视觉系统的最小可觉差，

Human Visual System-Just Noticeable Difference）对应的概念被提出。深度学习编码器的性能随着近年来深度学习的发展稳定提升，由于深度学习的表征与建模能力，深度学习编码器比传统编码器更适合对复杂的视觉系统进行适配。深度学习编码器同样由变换、量化、熵编码这三部分组成，由于其变换是通过深度神经网络（Deep Neural Network，DNN）实现，所以其表示能力远超线性变换，可以更好地减少冗余信息。据此，如何将视觉特性注入深度编码器，提升感知质量，即深度感知编码是受到广泛关注的研究方向。

到目前为止，一些工作探索了卷积神经网络（Convolution Neural Network，CNN）根据图像中的哪些内容进行分类。CNN 是否会像人类一样根据轮廓信息对物体进行分类是一个备受关注的问题。Hermann 等人（2020）的一项研究考察了纹理和形状对分类结果的影响，实验结果表明，之前 Geirhos 等人的工作，即 CNN 不同于人类，它基于纹理分类这一结论可能是由训练数据造成的，而不是网络结构本身的性质。

Hermann 等人的研究从网络结构、训练数据、训练目标（监督学习、自监督学习）等多个方面讨论了这些问题，发现训练数据极大地影响了模型的偏好。使用不同的数据预处理方法，可以将 ImageNet 数据集偏向于纹理或形状。自然数据增强，如颜色失真、模糊和噪声，可以使训练数据偏向于形状，而剪裁这种增强方法可以使训练数据偏向于纹理。之后使网络学习具有纹理或形状偏好的训练数据，网络的分类结果便会根据数据集的偏好进行分类。尽管不同的网络结构有不同的纹理、形状偏好，但训练数据对网络偏差的影响占了主要部分。这些发现可能有助于科研人员理解 CNN 在分类时更关注哪些信息。Hermann 等人还发现，将分类模型应用于与训练数据分布不同的测试集时，形状偏好的网络比纹理偏好的网络取得更好的性能，形状偏好更具有泛化性。这与自然规则和人类行为相一致：大多数相同类型的物体具有相同的形状，并且人类更喜欢根据物体的形状进行分类。

第7章
数字终端技术

数字终端是一种利用收发终端,把连续信号或离散信号转换为数字的基带信号的技术。在这一章中,着重对多路复用技术和数字复接技术进行了分析和探讨。

7.1 PCM时分复用系统

PCM 时分多路复用通信系统的构成如图 7–1 所示 [$m(t)$ 表示模拟语音信号，$s(t)$ 表示抽样后的信号]。为了简化，这里仅绘出 3 路信号的复用情况，下面将以图 7–2 的波形图对时分复用通信系统的工作原理进行解释。

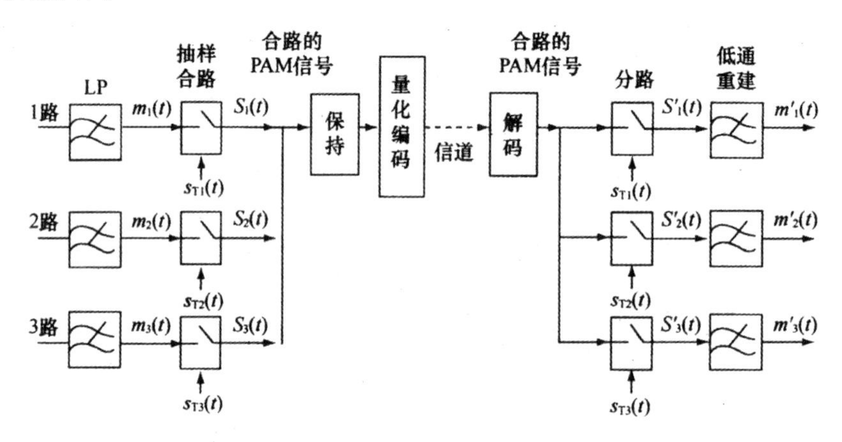

图 7–1 PCM 时分多路复用通信系统的构成

为防止抽样 PAM 信号中出现折叠噪声，每路语音信号都需要先通过截止频率为 3.4kHz 的低通滤波器（LP），将每条语音信号的频率限定在 0.3~3.4kHz 范围内，超过 3.4kHz 的信号频率不能通过。接着，用相应的抽样门电路对 3 个语音信号（用 $m_1(t)$ 、$m_2(t)$ 、$m_3(t)$ 表示）进行抽样。在实践中，将抽样间隔设为 $T = 125\mu s$ ，用 $s_{T1}(t)$ 、$s_{T2}(t)$ 、$s_{T3}(t)$ 表示与每条语音信号相对应的抽样脉冲。

在抽样过程中，每路抽样脉冲的先后顺序是错位的，抽样后每路的抽样值在时间上相互独立，实现了多路的合路。

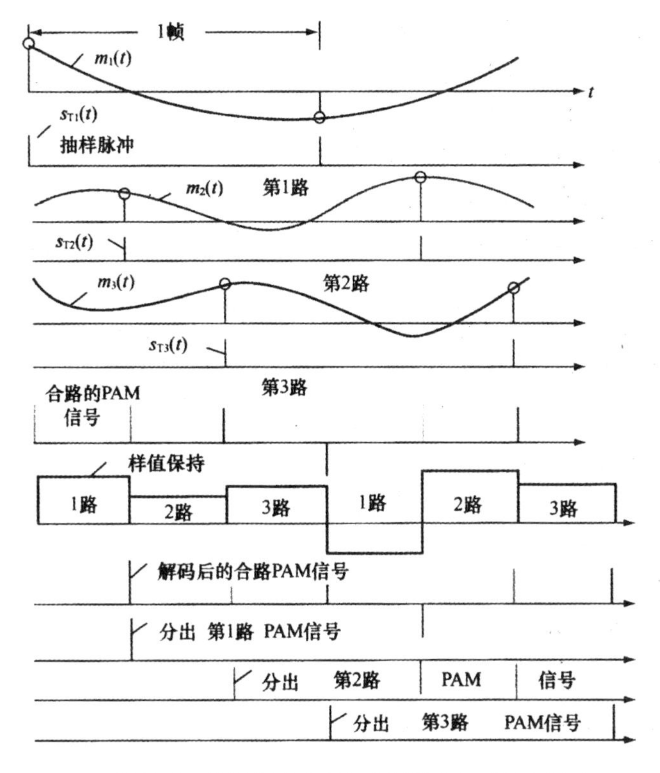

图 7-2　PCM 时分多路复用波形变换示意图

抽样后再对其进行编码，因为编码过程需要一定的时间，因此在编码过程中，必须对每路抽样信号进行展宽，使其占据整个时隙，以确保编码的精确性。要做到这一点，合路后的 PAM 信号必须被提供给保持电路，记忆每个样值一个路径时隙的时间，并将其展宽，再通过量化编码成为 PCM 信码，每一路的码字顺序地占用一个路径时隙。

在接收端，在不考虑量化误差的情况下，对多路信号进行解码，将多路信号还原成合路 PAM 信号。因为在所有的码字(比如 8 比特代码)全部到达之后，解码过程中的原始抽样值被译出，因此，在信号恢复之后会有一定的时间延迟。最终，利用分路门将合路 PALM 的输出信号进行分离，并将其分配到每一路，也就是把 PALM 分解为每一路。每路信号再进行一次低通重建，最后将其近似还原成原始的话音信号。

上述是以 3 路复用为例进行的解释说明，同理，复用路数是 n，原理亦是如此。n 路时分复用示意图如图 7-3 所示，其中 K_1 为抽样门旋转开关，K_2 为分路门旋转开关。

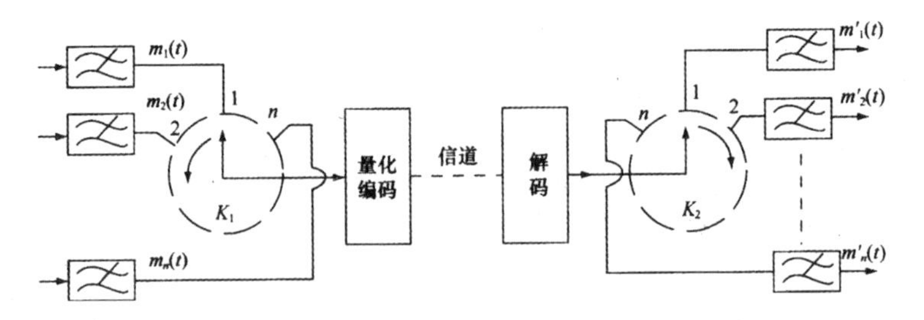

图 7-3　n 路时分复用示意图

发送端和接收端的高速电子开关 K_1、K_2 必须同频，以保证通信的正常进行。同频是 K_1、K_2 的转速要完全相同，同相指的是 K_1 和 K_2 要同相，也就是说，在 K_1 开始接通第 1 通路信号的时候，K_2 也一定要接通第 1 通路信号，不然接收端就无法收到本路信号。

7.2　数字复接技术

7.2.1 数字复接等级

在数字通信中，为了扩大传输容量和提高传输效率，通常需要把若干个小容量低速数字流合并成一个大容量高速数字流，再通过高速信道传输，接收端把高速数字流分解成低速数字流，这就是数字复接技术。

根据不同传输介质的传输能力和电路情况，在数字通信中将数字流比特率划分为不同等级，其计量基本单元为一路 PCM 信号的比特率 $8000\text{Hz}\times 8\text{bit}=64\text{kbit/s}$（零次群）。ITU-T 推荐的数字复接速率系列见表 7-1，数字复接等级如图 7-4 所示。

表 7-1　ITU-T 推荐的数字复接速率系列 单位：Mbit/s

国家（地区）	数字复接速率系列				
	基群	二次群	三次群	四次群	五次群
中国	2.048	8.448	34.36	139.264	564.992
欧洲	2.048	8.448	34.368	139.264	564.992
北美洲	1.544	6.312	44.736	274.176	—
日本	1.544	6.312	32.064	97.728	397.200

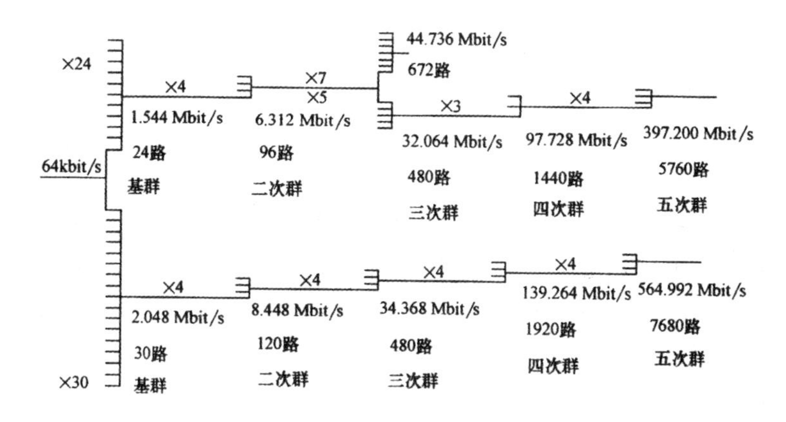

图7–4　ITU–T建议的复接等级

如图7–5所示，数字复接系统可以分为两部分：数字复接器和数字分接器。数字复接器由定时、码速调整和复接单元组成，主要作用是把n个低速率的低次群信号合并成一个高速率的高次群信号。数字分解器的作用正好相反，是把数字复接器合并的高速率的高次群信号分解成n个低速率的低次群信号，主要由定时、数字分接、码速恢复和帧同步单元组成。

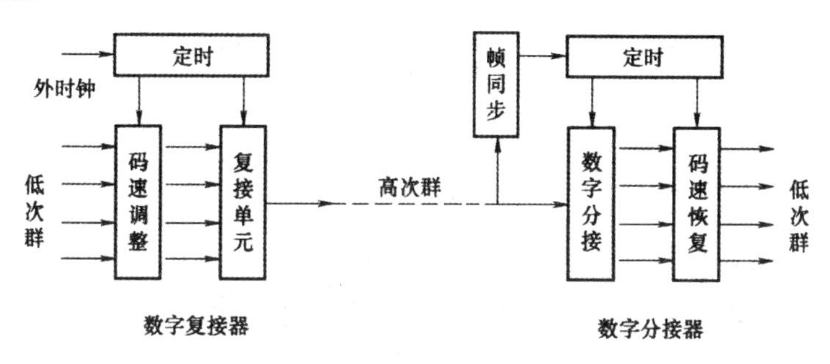

图7–5　数字复接系统框图

在数字复接中，定时单元为各器件提供一个基准的参考时间。该复接器总时钟可由内部产生，也可由外部提供。为保证各分支信号的接收正确，还需要在复接过程中加入帧同步信号。分接器将该合路信号中的一帧同步信号取出，并利用它对该分接器的定时单元进行控制。定时单元是由内时钟或外时钟来控制的，它会产生不同的定时控制信号。分接器的时钟需要从接收到的信号中提取出来，并与复接器保持同步。码速调整单元是将各个具有不同速率的输入支路信号调节成与复接定时完全同步的数字信号，从而进行复接。而数字分接单元与码速恢复单元分别实现了复接器与码速调整单元的逆向工作。

7.2.2 数字复接方式

根据参与复接每一支路信号在交织时被插入的码字结构状况,数字复接可以分为按位复接、按字复接和按帧复接。

7.2.2.1 按位复接

每次复接时取一位码,并且每一支路依次复接。图 7-6 所示为 4 个 30/32PCM 路基群按位复接成 1 个二次群的过程。由图可知,复接后,数码率提高为原来的 4 倍,码元宽度也降低为原来的 1/4。

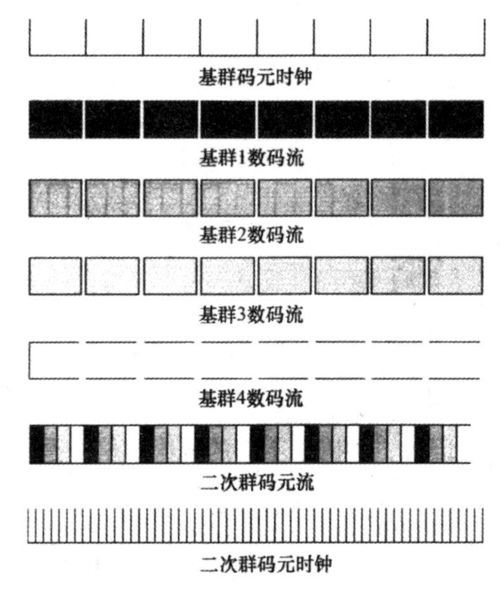

图 7-6 按位复接原理示意图

按位复接具有诸多优势,如设备简单,所需的缓存器容量很小,易于实现,在所有的复接方式中,该方式应用最多。

7.2.2.2 按字复接

按字复接每次复接取一个支路的 8 位码,各个支路轮流被复接。按字复接原理示意图如图 7-7 所示。

每一次将一条分支的 8 比特码取出进行复接，每一条支路依次复接。图 7-7 表示了按字复接原理。

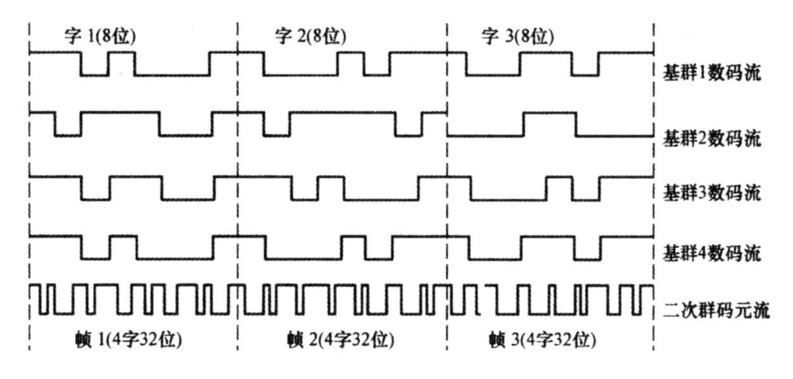

图 7-7　按字复接原理示意图

按字复接的优势为单路码字的完整性不被破坏，便于多路合成，适用范围更广。但也有其局限性，由于其电路结构复杂，对存储空间的要求很高，所以在实际应用中并不多见。

7.2.2.3 按帧复接

在每个复接支路上，逐支路复接一个帧。当若干个低次群数字信号被复接成 1 个高次群（例如 30/32 路 PCM 体制等）时，若个别低次群（例如 30/32 路 PCM 系统等）的时钟分别生成，即使它们的标称数码率相同，都是 2048kbit/s，但在实际中，各支路的晶体振荡器的振荡频率并不能完全相等（ITU-T 曾规定 30/32 路 PCM 系统的瞬时数码率为 2048kbit/s ± 100bit/s）。然后，由若干个具有不同瞬时数码率的低次群复接后的数码将出现重叠或错位现象，见图 7-8。

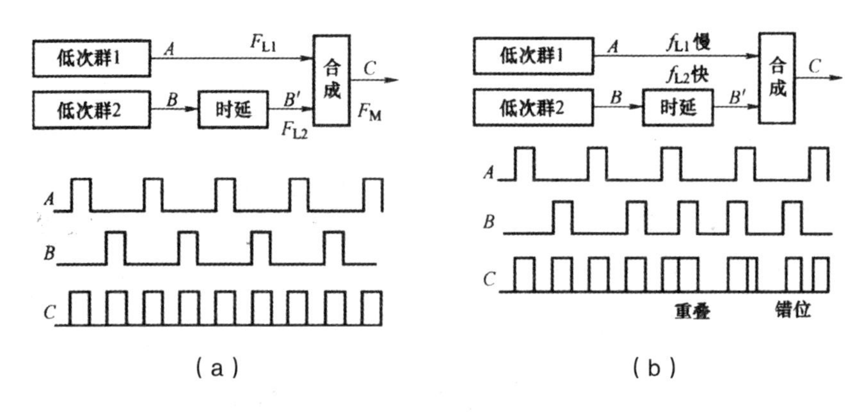

图 7-8 支路复接原理示意图

(a)数码率相同的支路复接;(b)数码率不同的支路复接造成重叠和错位

按帧复接对原支路的帧结构没有造成任何影响,便于交换,但是对存储空间的需求很大,而且设备也比较复杂。随着微电子技术的发展,它的应用范围越来越广。

7.2.3 同步复接与异步复接基本原理

7.2.3.1 同步复接的基本原理

因为多个分支信号不是从同一个地方来的,也就是每一个分支信号的传输距离不同,所以每一个分支信号到达复接设备后,其相位就不能完全一致。为使各个支路信号能够在规定的时间内对其进行排列,在复接前设置一个缓存,以调节各个支路信号的相位。此外,各支路还需在复接中加入一定数目的帧同步码、告警码、业务码,以使接收端能够正确地接收每一支路的信号,并满足分接要求。因此,复接后的码速率不再是 4 条原始分支相加的码率的总和,因此,在同步复接之前,每条分支都要先对其进行正码速率调节,然后将其调节到相同的较高的码速,然后再进行同步复接。

例如,图 7-9 所示的 PCM 二次群同步复接框图,总时钟产生频率为 8448kbit/s 的时钟信号。由图 7-9 可以看出,同步复接器主要由 4 个部分组成。

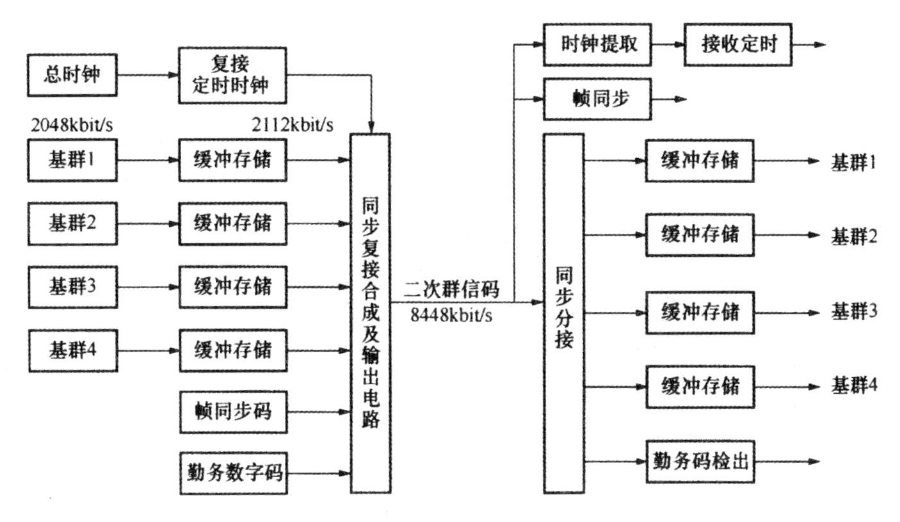

图7-9　二次群同步复接器、分接器方框图

（1）定时时钟部分。它产生发送和接收所需的时钟信号和其他定时脉冲，以保证设备按照特定的时间顺序工作。

（2）码速调整和恢复部分。收、发两端各通过四个缓存来实现收发两端的码速率调整功能，发端将2048kbit/s的基群信码调整到2112kbit/s的信码，接收端将2112kbit/s的信码还原为2048kbit/s的基群信码，其工作原理见图7-10。

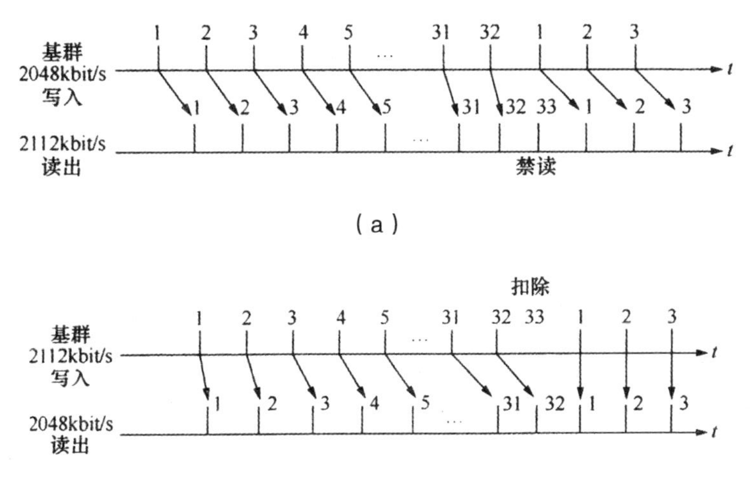

图7-10　同步复接码速调整及恢复原理图

（a）复接端；（b）分接端

（3）帧同步部分。其功能是保证接收端和发送端之间的数据帧同步，从而保证分接端能够进行正确的分接。

（4）业务码产生、插入和检出部分。业务码产生、插入、检出等环节是业务通信与监测的重要环节，确保在发端时插入调整码，在接收端消插。

4个一次群在复接之后，其传输速率不是2048kbit/s × 4=8192kbit/s，是由于在复接基群时添加了调整码，导致基群的速率从2048kbit/s变为2112kbit/s，所以复接之后的速率为2048kbit/s × 4=8192kbit/s。

7.2.3.2 异步复接的基本原理

当4条分支（PCM一次群）被复接时，因为这4条分支具有自己的时钟，所以其标称速率分别为2048kbit/s，而其瞬时码率为2048kbit/s ± 100bit/s。复接这种异源基群信号称为异步复接。同步复接具有复用效率高，所插入的备用码均可用于实际应用，并且在传输过程中基本不会出现诸如相位抖动之类的复接损伤，但由于同步复用要求网络同步，因此短时间内难以实现网络同步。而异步复接则使参与复接的每一支路都能以相同的标称速率输出，但其速率的波动被限定在规定的范围之内，因而在远距离的数字通信网络中，尤其是在高次群复接中，异步复接被广泛采用。异步复接原理见图7-11。

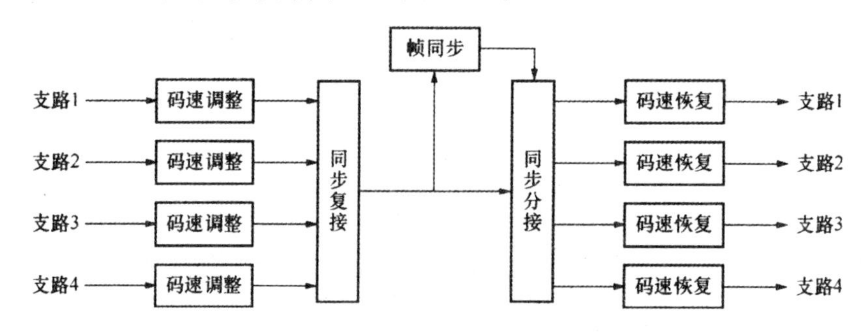

图7-11　异步复接原理框图

在发送端，需要将每一条输入支路上的异步数字流分别进行码速率调整，使之成为彼此同步的数字流，再进行同步复接；在接收端，先将同步信号分开，再以码速恢复每一路同步数字流，再将其复原成异步数字流。

异步复接和同步复接的不同之处在于，异步复接中的每一个低次群的时钟率未必相同，所以在复接时应首先对其码速进行调节，以实现所有低次群的同步，然后再进行复接；同步复接首先要做的是相位调整，在复接过程中，还会添加帧同步码、对端告警码等码元，因此速率和码速都要增加。异步复接经过码速调整后，再进行复接就变成了同步复接。其码速调整过程如图 7–12 所示。

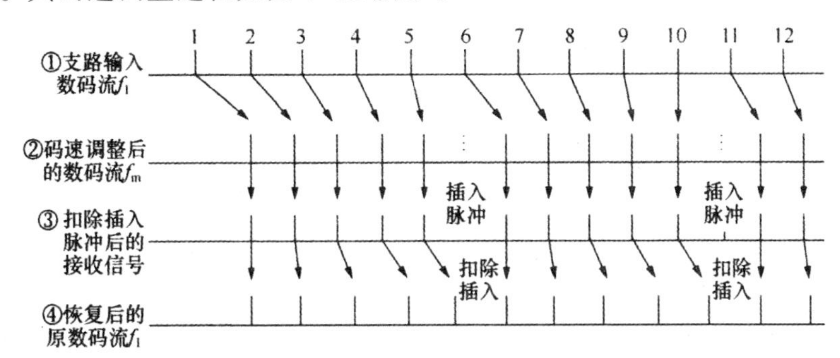

图 7–12　异步复接码速调整及恢复原理图

7.2.3.3 码速调整

（1）正码速调整。所谓正码速调整，就是把多个低次群的码速全部提高，以达到一个规定的较高的码速，调整过程见图 7–13。

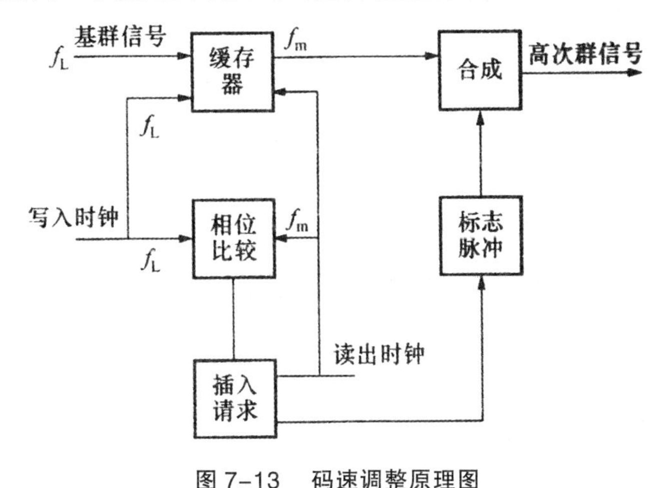

图 7–13　码速调整原理图

①发送端。分支信号的码流以 f_L 的速率被写到缓存器中，以 f_m 的速率读取，在 $f_L < f_m$ 的情况下进行调整称为正码速调整。由于读取的速度比写入的速度要快，出现取空的现象也不足为怪。

当缓存器中的存贮减少到阈值时，再插入一个非信息码元。先将各支路的速率调整到规定的速率，使各支路在实现同步后，才能复接。

②接收端。利用码流实现对时钟信号的提取。利用插入脉冲检出电路测得插入脉冲，再发出插入指令，使时钟停止一次输出。恢复原来支路信号的速率。

（2）负码速调整。

负码速调整原理与正码速调整基本相同，差别只在于同步复接时钟正取值不同。当 $f_L > f_m$ 时，写入速率就会超过读取速率，若不加处理，就会产生“溢出”，造成数据丢失。为了确保数据的正常传输，需要增加一个信道，即每隔一定时间多读取一位，这与正码速调整正好相反，因此我们称之为负码速调整。

7.2.4 数字复接的同步

7.2.4.1 准同步数字系列 PDH

准同步数字系列 PDH 有两种基础速率：一种是以 1.544Mbit/s 为第一级（一次群，或称基群）基础速率，已被广泛应用于北美、日本；另一种是以 2.048Mbit/s 为第一级（一次群）基础速率，已被中国、西欧多国所应用。

图 7-14 是目前世界上已有的商用数字光纤通信系统的 PDH 传输体制，它显示了两种基础速率各次群的速率、话路数及它们之间的关系。

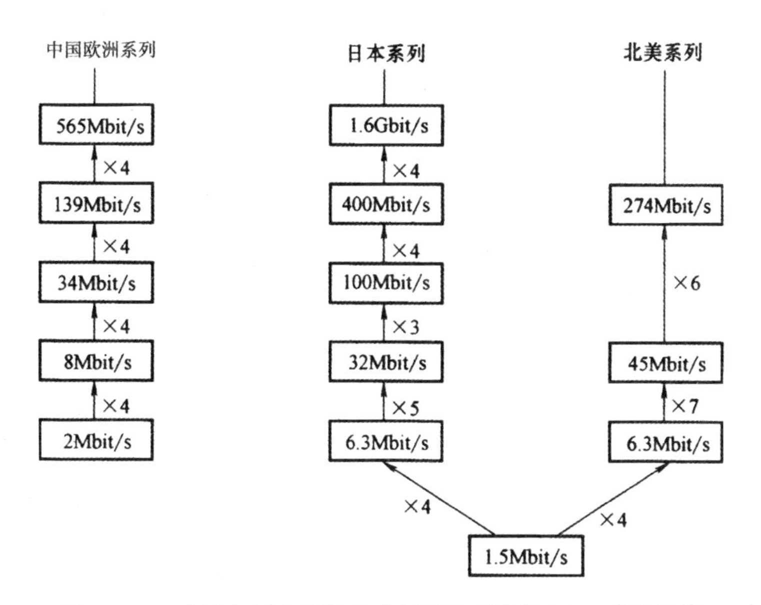

图 7–14　世界各国商用数字光纤通信系统的 PDH 传输体制

（1）PDH 数字复接系统。PDH 数字复接系统包括三个主要部分：定时、码速调整和复接，如图 7–15 所示。数字分接系统包括：同步分离、定时、分接和码速恢复。

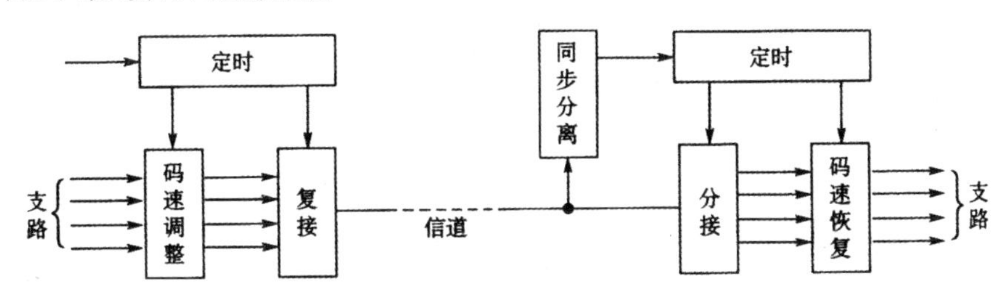

图 7–15　PDH 数字复接系统

30/32 路 PCM 高次群数字复接等级如图 7–16 所示。

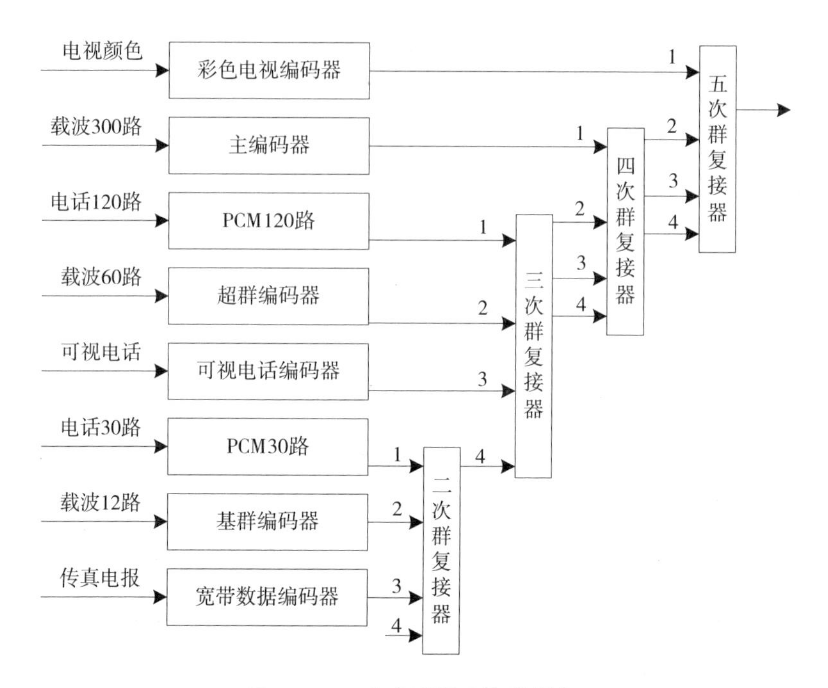

图 7–16　高次群数字复接等级

（2）PDH 传输体制的缺点。

①接口方面。只有区域接口规范，没有国际标准。不同的信号系列在电接口的速率等级、信号的帧结构和复用模式上都存在差异，导致难以实现国与国的互联互通，不符合当今随时随地便捷通信的发展潮流。

②光接口方面。由于目前尚无国际统一的光接口规范，各厂商生产的设备难以在水平方向上相互兼容。因此，在同一条线路上需要使用同一家厂商生产的设备，增加了组网、管理和网络互联的难度。

③复用方式。PDH 中的大多数速率信号都是异步的，因此必须对其进行码速调整以适应不同的时钟差异。

④运行管理维护方面。PDH 的帧结构中，只有少量的开销字节可用来进行网络的分层管理、性能监控、实时调度、传输带宽控制和报警定位。

⑤网管接口方面。由于缺乏一个统一的网络管理接口，不能实现电信网的统一管理。

从上述分析可以看出，PDH 系统不但具有复杂的复用结构，而且还存在着大量的硬件设备，以及较高的上、下服务开销，同时，数字交叉连接功能的实现也十分复杂。

要想适应现代电信网的发展需要，仅靠原来的体制与技术架构来解决这些问题，显然是事倍功半的，最好的办法就是从技术体制上进行根本性的变革。SDH 正是在这样的背景下应运而生的，它是一种高速、大容量、智能化的新型光纤传输系统。

7.2.4.2 同步数字系列 SDH

（1）SDH 的帧结构。SDH 帧结构既要满足同步数字多路复用、交叉连接、交换等功能，又要保证分支信号在一帧内均匀分布，便于存取。ITU-T 最终采纳了一种以字节为单位的矩形块状（或称页状）帧结构，如图 7-17 所示。

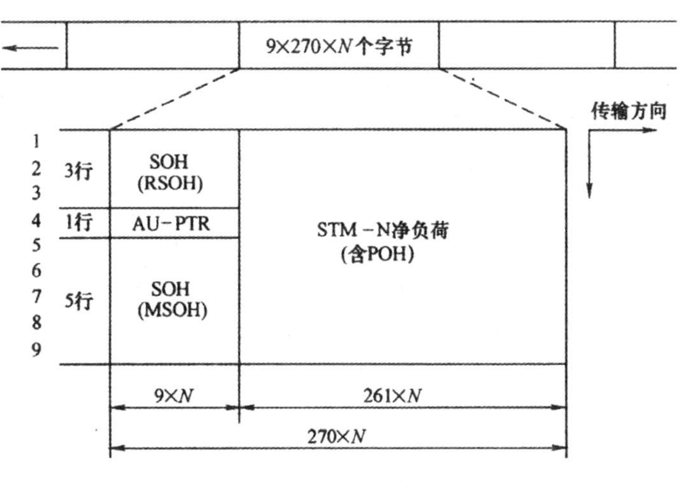

图 7-17　SDH 帧结构

在 SDH 的帧结构中，存在着两种主要的开销：段开销（SOH）和通道开销（POH）。SOH 中含有定帧信息，它保存了有关性能监控和其他运行功能的信息。SOH 又可分为再生中断开销（RSOH，占第 1 ~ 3 行）和复用段开销（MSOH，占第 5 ~ 9 行）。每经过一个再生段，RSOH 被替换一次，每经过一个复用段，MSOH 被更换一次。图 7-18 所示为复用段和再生段的示意图。

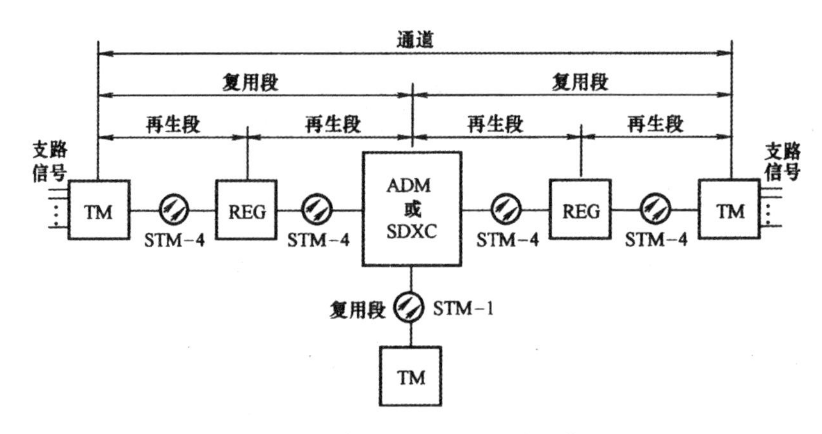

图 7-18　复用段和再生段的示意图

在 SDH 的层次结构中，一般把 TM 和 SDXC ADM 之间的一切物理实体都称作多路复用段。复用段两端的 TM、ADM 或 SDXC 被称作复用段终端。将 TM 或 ADM 或 SDXC 与 PEG 之间、PEG 与 REG 之间的所有物理实体称为再生段。再生段两端的 TM、ADM 或 SDXC、REG 称为再生段终端（RST）。各 RSOH 之间没有相关性；不同的复用段、MSOH 之间也是互不相干的。TM 之间称作信道。通道两端的 TM 称为通道终端。

RSOH、MSOH 和 POH 共同组成了 SDH 层次细化的监控体制。

在 STM-N 帧中，SOH 占据的空间与 N 成正比，N 不同，SOH 字节在空间中的位置是不一样的，但 SOH 字节在类型和作用上是一样的或者接近的。在 STM-1、STM-4、STM-16 及 STM-64 帧内，各种不同的 SOH 字节的排列方式分别表示在图 7-19 至图 7-22 中。

9B（9行）

A_1	A_1	A_1	A_2	A_2	A_2	J_0	×*	×*	RSOH
B_1	△	△	E_1	△		F_1	×	×	RSOH
D_1	△	△	D_2	△		D_3			RSOH
管理单元指针									
B_2	B_2	B_2	K_1			K_2			MSOH
D_4			D_5			D_6			MSOH
D_7			D_8			D_9			MSOH
D_{10}			D_{11}			D_{12}			MSOH
S_1					M_1	E_2	×	×	MSOH

图 7-19　STM-1 SOH 字节安排

注：△为与传输媒质有关的特征字节（暂用）；× 为国内使用保留字节；* 为不

扰码字节；所有未标记字节待将来国际标准确定（与媒质有关的应用，附加国内使用和其他使用）

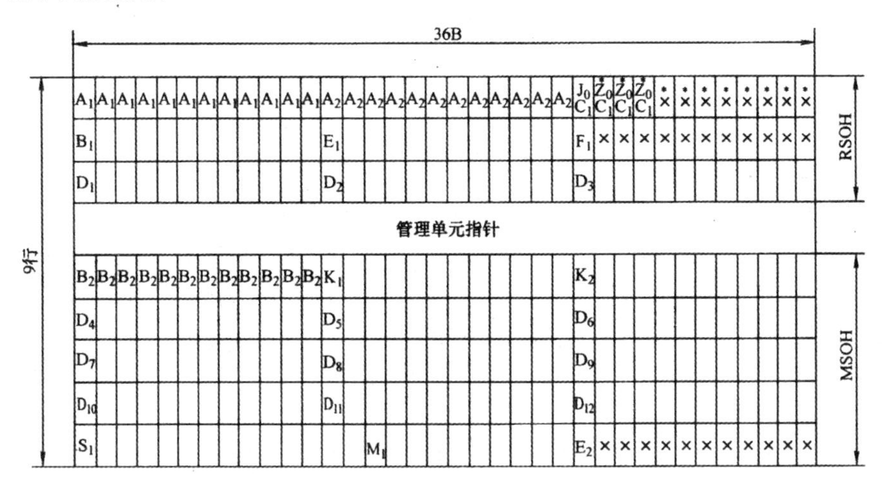

图 7-20　STM-4 SOH 字节安排

注：× 为国内使用保留字节；* 为不扰码字节；所有未标记字节待将来国际标准确定（与媒质有关的应用，附加国内使用和其他使用）；Z_0 为备用字节，待将来国际标准确定；C_1 为老版本（老设备）；J_0 为新版本（新设备）

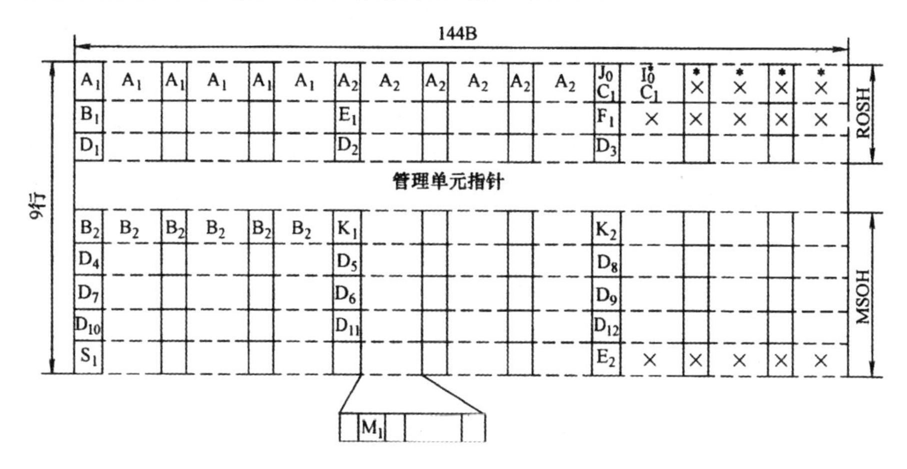

图 7-21　STM-16 SOH 字节安排

注：× 为国内使用保留字节；* 为不扰码字节；所有未标记字节待将来国际标准确定（与媒质有关的应用，附加国内使用和其他使用）；Z_0 待将来国际标准确定

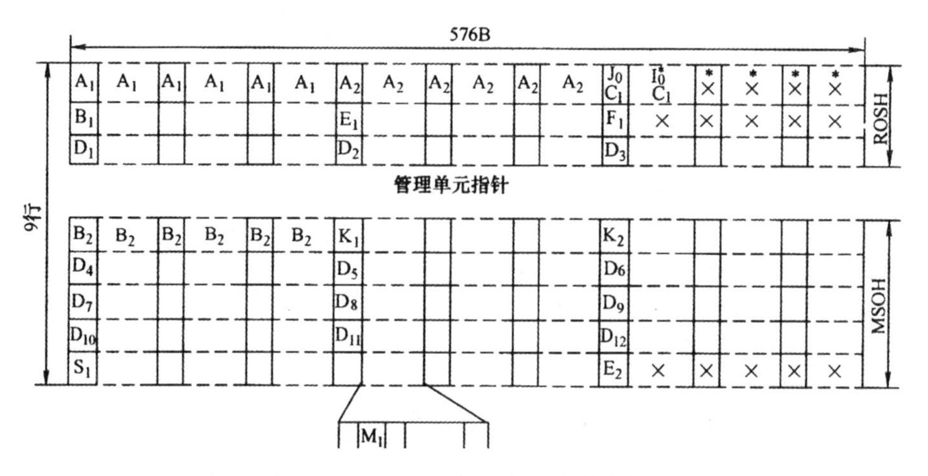

图 7–22　STM–64 SOH 字节安排

注：× 为国内使用保留字节；* 为不扰码字节；所有未标记字节待将来国际标准确定（与媒质有关的应用，附加国内使用和其他使用）；Z_0 待将来国际标准确定

将这些图进行对比，就可以理解字节交错间插的方法。

以字节交错间插方式构成高阶 STM－N（ $N>1$ ）段开销时，第一个 STM－1 的段开销被完整保留，其余 $N-1$ 个 STM－1 的段开销仅保留定帧字节 A_1，A_2 和比特间插奇偶校验 24 位码字节 B_2，其他已安排的字节（即 B_1、E_1、E_2、F_1、K_1、K_2 和 D_1~D_{12}）均应略去。

段开销字节在 STM–N 帧内的位置可用一个三坐标矢量 $S(a,b,c)$ 来表示，其中，a 表示行数，取值为 1 ~ 3（对应于 RSOH）或 5 ~ 9（对应于 MSOH）；b 表示复列数，取值为 1 ~ 9；c 表示在复列数内的间插层数，取值为 1 ~ N。

字节的行列坐标 [行数，列数] 与坐标矢量 $S(a,b,c)$ 的关系是：

行数 $=a$

列数 $= N(b-1)+c$

例如，STM－4 帧结构中的第 3 个 STM－1 的 K_2 字节的三维坐标为 S（5，7，3），即第 5 行第 27 列。

（2）SDH 传输体制的优点。

①电接口方面。SDH 系统对 NNI（Network Node Interface，NNI）进行了统一的规范，便于多厂商互连，即同一条传输线上可安装不同厂商的设备，具有横向兼容性。

②光接口方面。光接口采用国际上统一的标准，SDH 信号的线路编

码只对信号加扰码，采用国际上通用的扰码标准，因此，对端设备只需要通过一个标准的解码器，就可以和其他厂家的 SDH 设备实现光接口互连。

③复用方式。SDH 体制结构简单，对信号的复用、分接进行了简化处理，尤其适用于高速率、大容量光纤通信；此外，还省去了许多复用/分接设备（背靠背），提高了系统的可靠性，降低了信号损伤，降低了设备费用，降低了功率消耗，降低了复杂度。

④运行管理维护方面。SDH 信号在帧结构中包含大量的操作管理与维修（Operational Management and Serving，OMS）功能，极大地增强了网络的监控能力，实现了维护工作的自动化。

⑤兼容性方面。SDH 具有良好的兼容性，形成 SDH 传输网络后，原有的传输网络不会被废弃，二者可以共存。PDH 业务可以通过 SDH 网络进行传输。此外，其他系统如 ATM 和 FDDI 信号等也可以通过 SDH 网络进行传输。

第8章 现代数字通信技术应用

现代数字通信技术是当前信息技术领域的重要分支，其应用已经深入各个领域和人们的日常生活中。在现有的通信系统中，数字通信技术已经成为主导。数字通信技术的发展不仅提高了通信系统的性能和效率，同时也促进了信息化、智能化的发展。未来，数字通信技术将继续朝着高速、高效、远距离、低功耗的方向发展，同时还将探索新的通信模式和物理环境下的通信模式，以满足人们日益增长的通信需求。随着科学技术的不断发展，数字通信技术也将不断创新和发展，为人们的生活和工作带来更多的便利和效益。

8.1　多媒体通信

8.1.1 多媒体通信对传输网络的要求

多媒体网络通信与计算机网络通信是类似的，主要都是解决数据通信问题。然而，多媒体网络通信与传统的计算机通信相比还是存在一定差异的。

8.1.1.1 性能指标

（1）吞吐量。多媒体网络通信性能指标中的吞吐量，或者称为网络传送二进制信息的速率，反映了网络的最大极限容量。在网络通信中，吞吐量通常定义为物理链路的传输速率减去各种传输开销，如网络冲突、瓶颈、拥塞和差错等开销。也就是说，吞吐量受到物理链路的传输速率、网络架构和协议、网络拥塞状况以及差错控制机制等多种因素的影响。在多媒体通信中，不同的应用场景和协议对吞吐量的需求可能有所不同。例如，高清视频流通常需要较大的带宽，因此对吞吐量的需求较高，而一些低带宽的应用可能对吞吐量的需求较低。

（2）传输延时。多媒体网络通信性能指标中的传输延时，或者称为传输延迟，是指信息从发送端到接收端所需要的时间。在多媒体网络通信中，传输延时是一个非常重要的性能指标。它会影响多媒体数据的实时性和同步性，从而影响通信的质量和用户体验。传输延时是一个复杂的性能指标，受到多种因素的影响。在多媒体网络通信中，为了确保通信的质量和同步性，需要尽可能地减小传输延时。

（3）延时抖动。延时抖动是指网络传输延迟的变化，即不同数据包传输延迟之间的差异。在多媒体通信中，音频和视频数据包的传输延迟变化可能会影响通信质量。电路交换网络中只有物理抖动，且产生延时抖动幅度非常小。在分组交换网络中，延时抖动可能由两种原因导致，其中介质访问时间波动更大。网络时延包括了处理时延、排队时延、发送时延、传播时延这四大部分。在实际中,我们主要考虑发送时延与传播时延。发送时延是指数据包从源端发送到目的端的时间,而传播时延是指数据包在传输介质中传播的时间。

(4)错误率。在传输系统中产生的错误由以下几种方式度量:误码率 BER(Bit Error Rate)、包错误率 PER(Packet Error Rate)或信元错误率 CER(Cell Error Rate)、包丢失率 PLR(Packet Loss Rate)或信元丢失率 CLR(Cell Loss Rate)。为了减少错误的发生,可以使用更有效的压缩算法或更高质量的编解码器来提高压缩效率和可靠性。同时,可以考虑采用一些差错控制技术,如前向纠错编码、重传机制等来处理已压缩数据中的错误。在传输过程中,也可以通过增加冗余数据或采用更可靠的传输协议来提高数据传输的可靠性。在多媒体应用中,要综合考虑压缩算法、编解码器、传输协议和差错控制技术等多种因素来提高数据传输的可靠性和传输质量。

8.1.1.2 网络功能

(1)单向网络和双向网络。单向网络模型中的信息只能沿着一个方向进行传输。双向网络模型支持在两个终端之间,或者终端与服务器之间互相传送信息。在网络通信中,信息的传输和接收可以在两个方向上进行,因此被称为双向网络。这种网络模型可以用于更复杂的交互式应用,比如在线聊天、视频通话等。双向对称信道和双向不对称信道是根据两个方向的通信信道带宽是否相等来划分的。由于多媒体应用需要支持交互性,所以多媒体传输网络必须是双向的。例如,在视频会议中,不仅数据可以从服务器流向客户端,客户端也可以将自己的视频和音频信息发送回服务器,实现实时交互。所以,多媒体传输网络必须支持在两个方向上的数据传输。

(2)单播、多播和广播。多点通信通常是通过点对点(P2P)通信模式实现的,这种情况下,发送端需要将同一信息分别发送到多个接收端。但是,同一信息的多个复制版本在网上传输,会导致网络负担的加重。多播(Multicast)就是一种更有效的多点通信方法。在多播中,网络中的中间节点(如路由器)能够按照发送端的要求将欲传送的信息在适当的节点复制,并送给指定的组内成员。通过多播,一个信息只需要发送一次就可以到达多个接收端,这大大减轻了网络的负担。多播的特点是高效、节能且不易造成网络拥塞。在网络中,多播可以用于视频会议、实时音频传输、远程教育、协同设计等多种应用场景。同时,多播路由选择策略也要求网络中的路由器具备多点路由功能,以便于根据需要将数据包传输到合适的接收端。

8.1.2 多媒体通信协议

网络传输协议是在网络基础结构上提供面向连接或无连接的数据传输服务,以支持各种网络应用。

8.1.2.1 IPv6 协议

IPv6 是下一代 Internet 的核心协议,在 IP 地址空间、路由协议、安全性、移动性及 QoS 支持等方面作了较大的改进,增强了 IPv4 协议的功能。

(1)IPv6 的数据报格式。IPv6 数据报的逻辑结构如图 8-1 所示。

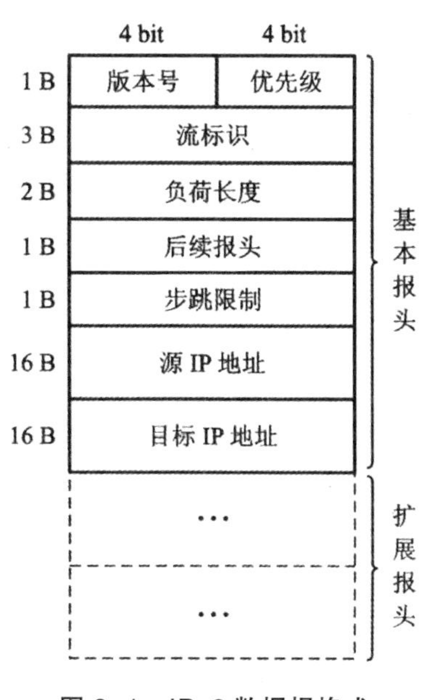

图 8-1　IPv6 数据报格式

（2）IPv6的地址格式。IPv6地址的格式是8组由冒号分隔的16位的十六进制数。每组数的范围从0000到FFFF。这些8组数共同组成了IPv6的128位地址。例如，一个典型的IPv6地址可能是这样：2101：0db8：85a3：0000：0000：8a2e：0370：7334。

这个地址可以分为两个部分：网络前缀和接口标识符。网络前缀是用来指示主机所在的网络的部分，而接口标识符用来唯一标识主机所在网络中的特定接口。

在IPv6地址中，如果一组或多组连续的16位值全部为0，那么可以用一对连续的冒号（：：）来代替。例如，上述的IPv6地址可以简写为2101：0db8：85a3：：8a2e：0370：7334。

此外，IPv6地址还可以使用IPv4地址映射，如IPv4地址可以被转换为IPv6地址。这种转换通常是通过添加IPv4映射前缀（：：ffff：）和IPv4地址来实现的。例如，IPv4地址192.0.2.45可以转换为IPv6地址：：ffff：192.0.2.45。

（3）IPv6的新特点。IPv6具备更大的地址空间、更灵活的报文头部格式、即插即用、增强安全性和服务类型、可扩展性等特点，使其能够更好地适应未来网络发展的需求。

①地址空间：IPv6地址的长度为128比特，相比于IPv4的32比特，地址空间增大了2的96次方倍，这极大地解决了IPv4地址空间不足的问题。

②灵活的报文头部格式：IPv6简化了报文头部格式，字段只有7个，相比于IPv4的20个字段，加快了报文的转发，提高了网络吞吐量。

③即插即用：IPv6支持无状态地址自动分配（SLAAC），使得终端接入更加方便。

④安全性：IPv6增强了安全性，包括身份认证和隐私权保护等关键特性，避免NAT（网络地址转换）破坏端到端的完整性。

⑤服务类型：IPv6支持更多的服务类型，如自动配置，这是对DHCP协议的改进和扩展，使网络（尤其是局域网）的管理更加方便和快捷。

⑥可扩展性：IPv6允许协议继续演变，增加了新的功能，使之适应未来技术的发展。

（4）IPv6的路由支持。这些路由协议包括静态路由、动态路由（如

RIPng、OSPFv3、IS-IS for IPv6 等）以及主机路由等。此外，IPv6 还支持任播路由，这种路由方式允许主机将数据包发送到一组能够接收它的接口中的任意一个。同时，IPv6 还支持多路径路由，这意味着数据包可以沿着多个不同的路径传输到目标，这对于负载均衡和容错非常有用。另外，需要注意的是，由于 IPv6 的地址空间大大增加，因此 IPv6 对于路由协议的要求也更高了，比如需要更高效的路由算法和更快速的数据包转发。总体来说，IPv6 提供了更强大、更灵活的路由支持，能够满足现代网络不断增长的需求。

（5）IPv6 的 QoS 支持。IPv6 提供了对 QoS（Quality of Service，服务质量）的支持，这主要体现在以下几个方面：

①优先级字段。IPv6 数据报文中有一个 20 位的优先级字段，用于表示数据报文的优先级。发送方可以在数据报文中指定该字段的值，网络设备可以根据该字段的值来确定数据报文的处理优先级。

②流量类别字段。IPv6 数据报文中还有一个 8 位的流量类别字段，用于表示数据报文的流量类别。发送方可以在数据报文中指定该字段的值，网络设备可以根据该字段的值来区分不同的流量类别，从而进行不同的处理。

③ RSVP 协议。RSVP（Resource Reservation Protocol，资源预留协议）是一种在 IPv4 网络中广泛使用的 QoS 协议。在 IPv6 网络中，RSVP 协议仍然可以使用，但需要进行一些改进和优化。IPv6 新增了流标记域，使得 RSVP 可以只根据数据包的流标记制定相应的 QoS 策略，大大减小了 RSVP 的开销。

④差分服务模型。差分服务模型是一种 QoS 模型，它通过将数据流分为不同的类别来提供不同的服务。在 IPv6 网络中，差分服务模型可以有效地取代跨越大范围的 RSVP 的使用，提高网络的处理能力和效率。

8.1.2.2 RTP 协议

实时传输协议（Real-time Transport Protocol，RTP）是一个网络传输协议，它是由 IETF 的多媒体传输工作小组在 1996 年公布的，后来被国际电信联盟 ITU-T 采用，并在 RFC 1889 和 H.225.0 中详细说明。

RTP 协议常与 RTSP 协议（实时流协议）配合使用，主要应用在流媒体系统、视频会议和一键通（Push to Talk）系统中，这也使其成为 IP 电话产业的技术基础。在使用 RTP 协议时，通常会配合 RTP 控制协议 RTCP（实时传输控制协议）一起使用，因为 RTCP 可以提供包括数据包丢失、乱序等在内的更详细的传输控制信息。RTP 和 RTCP 一起工作，创建在 UDP 协议上，可以提供端到端的实时数据传输服务。

8.1.2.3 RTSP 协议

实时流协议（Real Time Streaming Protocol，RTSP）是 TCP/IP 协议体系中的一个应用层协议，主要应用场景在于流媒体系统、视频会议和一键通（Push to Talk）等需要实时传输的系统中。RTSP 建立并控制一个或几个时间同步的连续流媒体，充当多媒体服务器的网络远程控制功能，所建立的 RTSP 连接并没有绑定到传输层连接（如 TCP），因此在 RTSP 连接期间，RTSP 用户可打开或关闭多个对服务器的可靠传输连接以发出 RTSP 请求。此外，还可使用像 UDP 这样的无连接传输协议进行传输。所以，RTSP 操作并不依赖用于携带连续媒体的传输机制。

8.1.2.4 RSVP 协议

RSVP（Resource Reservation Protocol），全称资源预留协议，是一种位于网络第三层的信令协议。它的主要作用是使得应用能够将自己的服务质量（QoS）要求通过信令通知给网络，网络可以对此应用预留相应的资源。在网络流量控制和 QoS 保障方面，RSVP 协议有着重要的应用。

RSVP 协议被设计出来主要是为了在 IP 网络中实现服务质量（QoS）的预留。下面我们详细说明一下这个过程。

（1）发送路径信息（Path Message）。在发送流之前，发送者首先会发送一个 Path 消息到目的接收方。这个消息中包含了源 IP 地址、目的 IP 地址和一个流规格。流规格描述了数据流的特性，包括数据速率和延迟等 QoS 需求。

（2）接收者回应（RESV Message）。当接收者收到 Path 消息后，它会向发送者发送一个 RESV 消息,对发送者的预留请求进行确认。这个消息会沿着 Path 消息的反向路径传回到发送者,并在沿途的路由器上预留对应的资源。

(3)资源预留。当路由器收到 RESV 消息后,会根据其中包含的流规格在其内部进行资源预留,比如分配缓冲区空间、带宽等。这样做的目的是确保数据流在传输过程中能够得到所需的 QoS。

(4)数据传输。一旦资源预留完成,发送者就可以开始发送数据流了。这些数据包会沿着 Path 消息指定的路径,通过预留的资源进行传输。

值得注意的是, RSVP 协议是一种可选的协议,而且它要求网络中的所有设备都支持该协议才能正常工作。另外,虽然 RSVP 可以在一定程度上提供 QoS 保障,但它并不能确保所有数据包都能按照预留的 QoS 进行传输,因为网络状况的变化可能会导致预留的资源无法被完全满足。

8.1.3 多媒体通信网络的服务质量

多媒体通信网络的服务质量(Quality of Service, QoS)是指网络在传输多媒体数据时所提供的一种抽象概念,用于描述网络服务的“好坏”程度,主要包括以下几个方面。

(1)数据传输速率。网络传输多媒体数据的能力,通常以比特率表示,单位为 bit/s。

(2)延迟和抖动。数据传输过程中的延迟和抖动,其中延迟是指数据包从发送到接收所需的时间,抖动是指延迟时间的变化性。

(3)丢包率。在网络传输过程中丢失的数据包占总数据包的比例。

(4)可用性。网络服务的可靠性和可用性,即网络在任何时候都可以提供服务。

(5)安全性。网络能够提供的安全性,包括数据包加密、身份验证等方面。

多媒体通信网络需要提供足够的带宽和资源来保证这些服务质量指标的实现,同时还需要采取一些技术措施来保证数据传输的可靠性和可用性,如采用差错控制技术、流量控制技术等。此外,为了实现多媒体通信网络的服务质量保障,还需要在通信协议、网络设备、操作系统等方面进行相应的设计和优化。

8.1.3.1 QoS 参数

QoS 参数,或服务质量参数,是用于描述网络服务质量的一系列指标。QoS 参数由参数本身和参数值组成,参数作为类型变量,可以在一个给定范围内取值。这些参数可以包括以下几种。

(1)QCI(QoS Class Identifier)参数。QCI 参数可同时应用于 GBR 和 Non-GBR 承载,用于指定访问节点内定义的控制承载等级的分组包转发方式,如调度权重、接入门限、队列管理门限、链路层协议配置等。QCI 参数可以由运营商预先配置。

(2)ARP(Allocation and Retention Priority)参数。ARP 参数可同时应用于 GBR 和 Non-GBR 承载,主要目的是用于决定一个承载建立或承载修改的请求是否能够被接受,也可以用于决定一个承载建立或承载修改的请求因为系统资源受限而被拒绝。

(3)端到端延迟和延迟抖动。这是连续媒体传输中非常重要的参数,尤其对于多媒体应用,如视频通话、在线游戏、实时互动等。这些应用的流畅性和用户满意度在很大程度上取决于延迟和延迟抖动的控制。

(4)端到端延迟(End-to-End Delay)。这是从发送端到接收端整个传输过程中的总延迟时间。对于实时多媒体应用来说,端到端延迟是一个关键的性能指标。例如,在语音通话或视频会议中,如果延迟太高,用户就会感到不自然,感觉对话不流畅。一般来说,人类对于语音信号的延迟容忍度在 100ms 左右,而对于视频信号的延迟容忍度更低,一般在 50ms 以内。

(5)延迟抖动(Jitter)。延迟抖动是指数据包传输过程中延迟的变化性。由于网络状况的不断变化,数据包的传输时间会有所不同,这就导致了延迟的抖动。延迟抖动过大可能会引起接收端的数据包丢失或者播放异常,从而导致媒体流的断断续续或者画面质量下降。为了控制端到端延迟和延迟抖动,网络需要采取一系列的优化措施,如网络带宽的合理分配、路由优化、数据流调度策略等。另外,使用一些实时传输协议(如UDP、RTP、WebRTC等)也能更好地保障实时多媒体数据的传输。

8.1.3.2 QoS参数体系结构

QoS参数体系结构主要涉及承载级QoS参数和会话级QoS参数。承载级QoS参数包括QCI(QoS Class Identifier)、ARP(Allocation and Retention Priority)、GBR(Guaranteed Bit Rate)和AMBR(Aggregate Maximum Bit Rate)等。这些参数都与EPS(Evolved Packet System)承载相关联,包括GBR和Non-GBR承载。会话级QoS参数则是在承载级QoS参数的基础上,用于建立和维护IP-CAN(IP Connectivity Access Network)会话。这些参数在建立会话的过程中定义了对于EPS承载的QoS要求,主要包括PCC(Policy and Charging Control)和PCRF(Policy and Charging Rule Function)等。

(1)应用层。QoS参数体系结构在应用层的主要关注点是提供良好的用户体验,这主要依赖于以下参数:数据传输速度、延迟和抖动、数据丢失率。这些参数在应用程序设计和开发过程中至关重要,应用开发者需合理设计和优化应用程序,利用适当的QoS参数来保证数据的传输速度、减少延迟和抖动、降低数据丢失率,从而提供良好的用户体验。

(2)传输层。QoS参数体系结构在传输层的主要关注点是提供可靠的数据传输服务和通用的传输服务。通过在传输层应用适当的QoS参数,可以提供高效、可靠的数据传输服务,从而满足应用程序对实时性和可靠性的需求。

(3)网络层。QoS参数体系结构在网络层的主要关注点是网络资源的分配和数据包的优先级控制。网络层通过IP协议来承载数据,它需要将数据包发送到目标地址。为了更好地管理网络资源,网络层需要使用一些QoS参数,如优先级指示(Priority Level)、令牌桶(Token Bucket)等。网络层的QoS参数主要涉及数据包的优先级、包大小、传输速率等。这些参数可以用于控制数据包的传输速率和流量,以及在路由器和交换机等网络设备中进行优先级控制,确保重要数据包优先传输。

(4)数据链路层。QoS参数体系结构在数据链路层的主要关注点是提供可靠的数据传输服务和建立、维持和释放数据链路通路。数据链路层的主要 QoS 参数包括以下几类：帧组合和传输控制、通路建立、维持和释放，在数据链路层应用适当的 QoS 参数，可以提供可靠的数据传输服务，并有效地建立、维持和释放数据链路通路，从而满足应用程序对数据链路层 QoS 的需求。

8.1.3.3 QoS 管理

（1）QoS 提供机制。QoS 提供机制包括：QoS 映射，是 QoS 提供机制的一部分，是将不同应用程序或服务的网络质量级别（QoS）映射到特定的网络策略或服务等级的方法；Qos 协商，是 QoS 提供机制的一部分，它是在通信协议和应用程序之间就传输质量进行协商和分配资源的过程；接纳控制，是 QoS 提供机制的一部分，它是一种网络技术，用于在业务流进入网络前，提供足够的资源保证其 QoS 要求；资源预留与分配，是确保网络服务质量的重要步骤。

（2）QoS 控制机制。QoS 控制是指在业务流传送过程中的实时控制机制，主要包括以下内容：流调度，QoS 控制机制中的流调度是一种重要的技术，其目的是在多用户、多数据流的网络环境中，根据不同的 QoS 需求和网络条件，对数据流进行合理的调度和管理，以实现网络资源的有效利用和提供良好的用户体验；流成型，是一种通过对数据流进行整形和调整，以满足网络对 QoS 需求的技术手段。它可以与流调度等其他 QoS 控制机制配合使用，共同实现网络资源的合理利用和提供良好的用户体验；流监管，是指对网络中的数据流进行监督和管理，以保护网络资源和保障 QoS 的一种技术手段；流控制，是一种保护网络资源，防止网络拥塞的技术。流控制主要通过监控网络流量、流量整形、丢弃流量包、限制流量速率方式实现；流同步，是指调整数据流的传输速率，以适应网络资源的动态变化，同时满足网络对 QoS 的需求。

（3）QoS 管理机制。QoS 管理机制应当提供如下的 QoS 管理特性：可配置性，指的是其可以根据不同的网络配置和应用场景，灵活地配置和管理网络资源，以提供满足不同需求的 QoS 服务；可协商性，是指在网络通信中，不同的应用程序或服务可以就 QoS（服务质量）需求进行协商和讨论。通过可协商的 QoS 管理机制，不同的应用程序或服务可以相互协商和妥协，以达成最佳的网络资源分配和利用；动态性，指的是其可以根据网络状态和业务需求的变化,实时地调整和优化 QoS 策略,以提供满足不断变化的应用需求的服务质量。动态性的 QoS 管理机制可以适应网络环境的复杂性和变化性,可以灵活地应对各种网络挑战和问题;端到端性,是指其在进行 QoS 控制时,需要保障数据流在整个网络路径中的服务质量,而不仅仅是在某个节点或局部网络段上。端到端 QoS 管理机制需要网络中的每个节点都参与 QoS 控制,并与其他节点进行协同工作;层次化性,指的是在 QoS 策略的制定和实施过程中,利用层次化的结构来组织和描述 QoS 需求,以及相应地分配和管理网络资源。在层次化的 QoS 管理机制中,不同的 QoS 需求和策略可以通过不同的层次进行表示和组织。

8.2 三网融合

8.2.1 三网融合概述

8.2.1.1 三网融合的定义

三网融合是指电信网络、有线电视网络和计算机网络的相互渗透、互相兼容、并逐步整合成为全世界统一的信息通信网络,其中互联网是其核心部分。

三网融合是一个涉及多个层次、多个方面的概念。它不仅包括物理层上的网络融合,也包括高层业务应用的融合。这些融合体现在技术、业务、行业、终端、网络以及行业管制和政策等多个方面。具体来说,三网融合的技术融合主要体现在各种网络技术的融合和统一,如广域网、城域网和局域网等不同层次的网络无缝连接和整合,以及网络层可以实现互联互通等。业务融合则是指不同信息服务逐渐融合,提供多媒体化、个性化的服务,如语音、视频、数据等多媒体信息服务。行业融合则是指不同行业之间的融合,例如通信、传媒、娱乐等行业的融合。终端融合则是指不同的终端设备之间的融合,如智能手机、平板电脑、电视等设备的融合。网络融合则是不同网络之间的融合,包括互联网、有线电视网络和电信网络的融合。此外,三网融合还涉及行业管制和政策的统一和协调。由于不同的网络运营商和服务提供商之间存在竞争和利益冲突,因此需要建立统一的行业管制和政策来规范市场,促进公平竞争和创新发展。

三网融合的目的是通过对现有网络资源的优化和整合,实现信息通信网络的融合和发展。这样可以提高信息传输的效率和可靠性,避免资源的浪费和重复建设,同时也可以提升网络的适应性和扩展性,满足社会和经济发展的需要。

8.2.1.2 三网融合的必然性

数字化技术的全面发展,使电话、电视和电脑集中在一起,这为三网融合提供了必要的技术条件;三网融合可以避免重复投资,使网络得到充分利用,从而优化资源配置,提高效率;三网融合后,可以实现数据、声音、图像这三种业务用一个网络、一种平台进行服务,为业务创新提供了空间,为产业发展带来新的经济增长点。三网融合之所以引起广泛重视,除技术背景外,更主要的是三大网络优势互补。

(1)电信网。三网融合是未来发展的趋势,电信网作为其中的重要组成部分,其发展必然受到这一趋势的影响。同时,电信网作为信息传输的重要网络之一,其技术、业务等方面的进步也为三网融合的实现提供了支持。例如,电信网中的传输技术可以用于有线电视网络的改造和升级,提升网络传输速度和质量;电信网提供的语音、数据等通信服务也可以与有线电视和互联网等其他网络的服务进行融合,形成更加多样化的业务模式。

(2)有线电视网。随着电信网在宽带、移动通信等领域的快速发展,有线电视网需要不断提高自身的竞争力和创新能力,以在激烈的市场竞争中立于不败之地;数字化、网络化、信息化等技术的发展,为有线电视网络的改造和升级提供了可能性和机遇。例如,数字化技术可以将模拟信号转换为数字信号,提高信号的质量和稳定性;网络化技术可以将各个孤立的电视网络连接在一起,实现信息共享和交互;信息化技术可以将电视节目、互动应用、广告等多种内容融合在一起,提高用户体验和价值。

（3）计算机网。计算机网作为信息传输和处理的平台,必须不断进行升级和发展,以满足日益增长的信息需求;计算机技术、网络技术、信息技术等领域的不断发展和进步,为计算机网提供了更好的技术条件和发展空间。例如,云计算、大数据、人工智能等新技术的应用,可以使计算机网提供更加高效、智能、安全的服务;计算机网通过与其他网络的融合,可以实现资源的共享和整合。计算机网可以与电信网、有线电视网等网络相互连接,共享彼此的资源,提高信息传输和处理的能力和效率;计算机网作为信息技术产业的核心组成部分,其发展对于整个信息技术产业的发展具有重要的推动作用。同时,信息技术产业的发展也必须适应三网融合的趋势,通过与其他网络的融合,可以促进信息技术产业的进一步发展。

8.2.1.3 三网融合的意义

三网融合对于提高通信网络的效率和质量,优化资源配置,促进信息消费,推动信息技术产业发展,以及促进社会进步和发展等方面都具有重要的意义。三网融合的意义主要体现在以下几个方面。

（1）提高通信网络的效率和质量。三网融合可以将电信网、有线电视网和计算机网融合为一个网络,实现信息传输和处理的高效性和可靠性。用户可以通过任何一个网络享受到优质的信息服务,提高了通信网络的效率和质量。

（2）优化资源配置。三网融合可以实现网络资源的共享和整合,避免重复投资和资源浪费。同时,可以实现不同网络之间的互联互通,提高了网络的覆盖范围和服务能力。

（3）促进信息消费。三网融合可以提供更加多样化、个性化的信息服务,满足用户对于信息的需求。例如,用户可以通过手机、电视、电脑等多种终端设备,享受到电信网、有线电视网和计算机网提供的各种信息服务,促进了信息消费的发展。

（4）推动信息技术产业发展。三网融合可以促进信息技术产业的发展,推动新技术和新应用的创新和推广。例如,云计算、大数据、人工智能等新技术的应用,可以使计算机网提供更加高效、智能、安全的服务，推动了信息技术产业的发展。

（5）促进社会进步和发展。三网融合可以促进社会的进步和发展，推动经济和社会信息化进程。例如，三网融合可以为政府和企业提供更加高效、安全的信息传输和处理服务，推动了电子政务、电子商务等领域的快速发展。

8.2.1.4 三网融合存在的问题

目前，三网融合存在的问题如下：

（1）技术标准不统一。三网融合需要不同的网络技术、通信协议和设备之间的兼容和互通，但目前缺乏统一的技术标准和规范，导致融合难度加大。

（2）网络建设不足。目前，电信网、有线电视网和计算机网的建设水平和规模存在差异，网络之间的互联互通存在障碍，同时网络安全性也是一个重要的问题。

（3）业务整合难度大。三网融合需要将不同类型的信息服务整合到一个平台上，但不同类型的信息服务有着不同的特点和要求，因此业务整合的难度较大。

（4）管理体制不协调。电信、广电和互联网的管理体制存在差异，难以实现网络资源的共享和整合，需要加强跨部门协调和合作。

（5）投资风险较高。三网融合需要进行大规模的网络升级和改造，投资成本较高，同时市场竞争激烈，投资风险较大。

为了解决这些问题，需要加强技术研发和标准化工作，推进网络建设和互联互通，加强业务整合和跨部门合作，降低投资风险。同时，需要在政策、法规、经济等多个方面加强协调和推动，以实现三网融合的顺利推进。

8.2.2 三网融合技术

8.2.2.1 三网融合的技术基础

随着数字技术、光纤通信技术、软件技术的发展以及统一的 TCP/IP 协议的广泛应用,以三大业务来分割市场的技术基础已不存在。三网融合的技术背景主要有以下四个方面。

(1)数字技术。数字技术的采用使得不同类型的信息(如语音、数据、图像等)都可以被统一编码成 0、1 比特流进行传输,这为实现三网融合提供了技术基础。在数字网中,所有业务都以统一的比特流形式存在,不再有业务之间的区别。因此,话音、数据、声频和视频等各种内容都可以通过不同的网络进行传输、交换和处理,从而实现融合。这种融合使各种信息能够更加方便地进行交换和共享,进一步推动了信息社会的发展。

(2)光纤通信技术。光纤通信技术具有大容量、高速、高质量、远距离传输等特点,这些特点为三网融合提供了必要的技术条件。此外,光纤通信技术还具有抗干扰能力强、传输距离远等特点,可以保证通信的稳定性和可靠性。这些特点使光纤通信技术在各种复杂的环境下都能够正常工作,适应各种业务的需求。

(3)软件技术。软件技术是三网融合的重要技术基础之一。随着软件技术的不断发展,各种基于软件的解决方案不断涌现,为三网融合提供了重要的技术支持。此外,软件技术还可以实现网络的集中管理和优化,提高网络的可靠性、可用性和安全性。因此,软件技术是三网融合不可或缺的技术基础之一。

(4)TCP/IP 协议。TCP/IP 协议可以实现各种网络之间的互联互通和信息共享,使各种以 IP 为基础的业务能在不同的网上实现互通。在三网融合的过程中,TCP/IP 协议可以将各种不同类型的信息和服务整合到一个统一的网络平台上,从而实现对语音、数据和图像等业务的传输、交换和处理。

8.2.2.2 三网融合技术难点

尽管IP技术在三网融合方面有着广泛的应用，但仍存在许多需要解决的问题。以下是一些主要的问题和挑战。

（1）安全性和可靠性问题。尽管TCP/IP协议被广泛接受和应用，但其本身存在一些安全和可靠性问题。例如，TCP协议使用三次握手机制来建立连接，但在某些情况下，如在遭受攻击者监听或假冒攻击时，这种机制可能被破坏。此外，IP协议中的数据报传输可能会因为网络拥堵或故障导致数据丢失或延迟，影响服务的可靠性。

（2）服务质量（QoS）问题。IP网络中的数据传输是尽力而为的，也就是说，网络会尽可能快地将数据从一个节点传输到另一个节点，但并不能保证传输的质量。这在某些需要高服务质量的应用（如实时音频或视频流）中可能是个问题。

（3）网络的异构性问题。尽管TCP/IP可以在多种网络上运行，但各种网络之间仍然存在差异，包括硬件、操作系统、协议版本等。这可能会导致一些兼容性问题，需要额外的技术或设备来解决。

（4）路由和流量控制问题。在IP网络中，路由和流量控制是关键问题。随着网络规模的不断扩大，如何有效地选择路由并控制数据流量以保证网络性能和可用性成为一个重要的问题。

（5）隐私和数据保护问题。在三网融合的背景下，大量的个人信息和企业敏感信息将在网络中传输。如何保护这些信息的安全和隐私是一个重要的问题。

为了解决这些问题，可以采取一系列措施，如加强IP网络的安全性、优化TCP/IP协议的数据传输机制以提高服务质量、使用多协议标签交换（MPLS）等先进的网络技术来提高网络的可扩展性和可靠性、合理规划和管理网络流量以及采用加密技术和数据隐私保护规范等来保护个人和企业信息。

8.2.2.3 三网融合关键技术——MPLS

三网融合的关键技术之一是MPLS（多协议标签交换）。MPLS是一种IP骨干网技术，其核心技术扩展到多种网络协议，包括IPv6、IPX和CLNP等。MPLS在无连接的IP网络上引入了面向连接的标签交换概念，将第三层路由技术和第二层交换技术相结合，充分发挥了IP路由的灵活性和二层交换的简捷性。

（1）MPLS基本术语。

①标签（Label）。在MPLS（多协议标签交换）技术中，标签是用于标识数据包的一种机制。标签可以在数据包转发过程中被交换或绑定到特定的网络路径上，从而加速数据包的转发并提高网络的效率。每个MPLS标签都包含三元组（EXP，TTL，Label）。

②转发等价类（Forwarding Equivalent Class，FEC）。转发等价类就是指在MPLS网络中，具有相同转发属性的数据分组。这些数据分组在转发过程中会被视为相同级别的数据包，并采用相同的处理方式进行传输。这样可以大大简化数据包的处理过程，提高数据传输的效率。

③标签交换路由器（Label Switching Router，LSR）。标签交换路由器（LSR）是MPLS网络中的关键设备，负责根据标签进行数据包的转发。LSR维护了一个转发表，用于指导如何根据标签进行数据包转发。在MPLS网络中，LSR可以执行标签交换操作，将数据包从一个标签映射到另一个标签，这个过程被称为标签交换或标签分发。

④标签边缘路由器（LER）。MPLS（多协议标签交换）中的标签边缘路由器（LER）是一种位于MPLS网络边缘运行的路由器，是MPLS网络的入口和出口点。LER确定路径，根据要采用的路径将MPLS标签推送到传入的数据包，并将数据包封装在下面定义的MPLS标签交换路径（LSP）内。当LER是LSP末尾的最终路由器并且是MPLS网络的出口点时，LER也可以是“出口节点”。当充当出口节点时，LER在通过IP或底层网络转发之前从分组中移除（弹出）MPLS标签。

⑤标签交换路径（Label Switched Path，LSP）。在MPLS（多协议标签交换）网络中，标签交换路径（LSP）是指一个特定标签交换路由器（LSR）的入口（LER）到另一个特定LSR的出口（LER）的路径。在LSP中，沿着数据传送的路径，相邻的LSR分别被称为上游LSR和下游LSR。从MPLS网络的入口到出口，LSP提供了一个单向路径，所有的数据包在沿着该路径传送时都具有相同的标签。每个LSP中的节点都由一个LSR组成。

⑥标签分发协议（Label Distribution Protocol，LDP）。LDP 是 MPLS 网络中的一种重要的控制协议。它的主要职责是 FEC 分类、标签分发以及 LSP（标签交换路径）的建立和维护等操作。在 MPLS 网络中，两个标签交换路由器（LSR）之间必须使用 LDP 来协商它们之间或通过它们转发的流量所使用的标签。LDP 实现了 FEC 分类、标签分发以及 LSP 的建立和维护等功能，从而保证了在 MPLS 网络中数据包的正确传输。

⑦标记信息库（Label Information Base，LIB）。在 MPLS（多协议标签交换）中，标记信息库（LIB）也被称为标记信息库（Tag Information Base，TIB），是一个重要的数据库，用于储存和显示所有 LSR（标签边缘路由器）已分配的标签信息以及这些标签与从各邻居发来标签之间所存在的对应关系。这些信息在入站边缘 LSR 上被用于建立转发信息库（Forwarding Information Base，FIB）的条目。

⑧ MPLS 的封装。MPLS 通过引入标签交换技术（图 8-2），将 IP 数据包封装在一个包含标签的固定长度头部中，这个标签成为了一个连接标识符，可以快速地指导数据包在 MPLS 网络中的转发。在 MPLS 网络中，标签被封装在链路层和网络层之间，这样可以在保持 IP 协议栈的独立性和灵活性的同时，利用链路层的效率和服务。

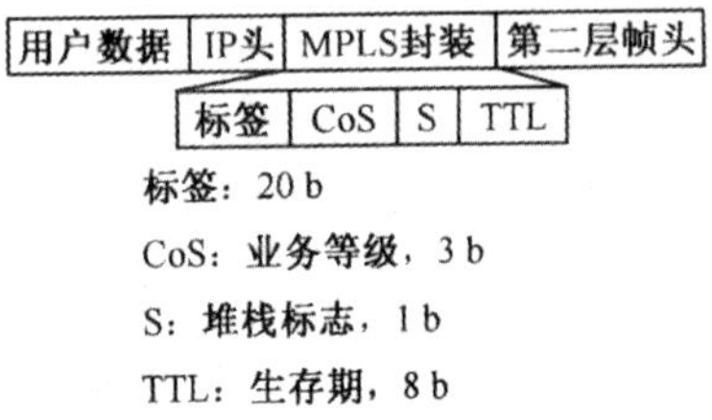

用户数据	IP头	MPLS封装	第二层帧头

标签	CoS	S	TTL

标签：20 b

CoS：业务等级，3 b

S：堆栈标志，1 b

TTL：生存期，8 b

图 8-2 MPLS 标签格式

（2）MPLS 数据转发原理。

基本的 MPLS 网络如图 8-3 所示。MPLS 域的数据以标签进行高速交换，当一个数据包进入 MPLS 网络时，会在第二层报头和第三层报头之间插入 MPLS 报头。这个 MPLS 报头将包含一些标签信息，用于指示数据包在 MPLS 网络中的路径。当路由器收到带有 MPLS 报头的数据包时，会查看 MPLS 报头中的标签，然后查找标签转发表。这个标签转发表是路由器预先生成的，用于指示如何根据不同的标签转发数据包。根据标签转发表，路由器将数据包从相应的接口发送出去。在这个过程中，源和目的 IP 地址都不会改变，只是数据包的封装形式会发生变化。

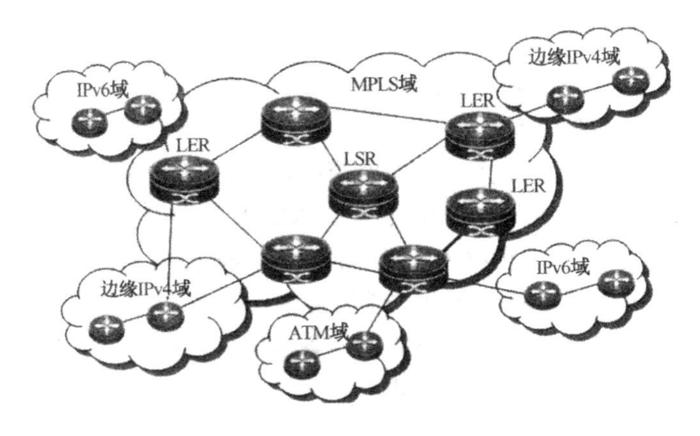

图 8-3　基本的 MPLS 网络

①标签分配与分发。当一个数据包进入 MPLS 域时，MPLS 边界设备会在报文的二层首部和 IP 首部之间插入一个新的标签。这个标签是通过标签映射过程分配的，标签映射过程是根据 IP 目的地址等信息在 LFIB（Label Forwarding Information Base）中进行查找，然后分配一个相应的标签。当数据包经过一个 MPLS 节点时，该节点会根据标签转发表，用下一跳分配的标签替换掉 MPLS 报文的栈顶标签。这个过程也称为标签交换或标签替换。通过这种方式，数据包可以在 MPLS 网络中快速、高效地转发。当数据包离开 MPLS 域时，会将 MPLS 报文的标签剥掉，恢复成原始的 IP 数据包。然后继续按照正常的 IP 转发过程进行传输。

② MPLS 标签分组。MPLS 标签分组是将 IP 分组报文封装上定长而具有特定意义的标签，以标签标识该报文为 MPLS 分组报文。MPLS 数据转发原理中，MPLS 标签分组的过程为：当一个数据包到达 MPLS 网络的入口处时，该路由器会根据某种特定规则将数据包划分成不同的 Forwarding Equivalence Classes（FEC），这些 FEC 是数据包在 MPLS 网络中转发的单位。

③ MPLS 分组转发方式。MPLS 分组转发分为 3 个过程：进入 LSP，LSP 中传输，脱离 LSP。

进入 LSP。进入 LSP（Label Switched Path）是 MPLS 分组转发的关键步骤之一。当一个 IP 分组进入 MPLS 网络时，首先需要根据其目的 IP 地址查找 IP 选路表(Forwarding Information Base, FIB)。这个 IP 选路表已经与下一跳标签转发表(Label Forwarding Information Base, LFIB)关联,因此可以查找到与该 IP 分组相关的标签和下一跳地址等信息。在查找 IP 选路表的过程中,一般会根据目的 IP 地址和子网掩码进行匹配,以找到对应的条目。该条目会包含输出端口信息,这个信息是在 IP 选路表(FIB)中得到的。接下来,根据查找到的标签和下一跳地址等信息,MPLS 节点会进行标签交换操作。

LSP 中传输。在 MPLS 网络中,数据传输是通过标签交换路径(Label Switched Path,LSP)完成的。在 MPLS 网络中,数据包从一个 LSR(Label Switching Router) 到下一个 LSR 的路径称为 LSP (Label Switched Path)。每个 LSR 都沿着 LSP 将数据包从一个接口转发到另一个接口。当数据包进入 MPLS 域时, MPLS 边界设备会为其分配一个标签,并将其插入报文的二层首部和 IP 首部之间。数据包将在 MPLS 网络中沿着 LSP 进行转发。在每个 LSR,它会根据标签转发表中的指示将标签栈顶的标签替换为下一个标签,并将数据包发送到相应的下一跳地址。当数据包离开 MPLS 域时,将剥掉报文的标签,恢复成原始的 IP 数据包,并继续按照正常的 IP 转发过程进行传输。

脱离 LSP。当数据包沿着标签交换路径(LSP)到达目的地的标签交换路由器时,会根据目的 IP 地址查反向路由表。这个反向路由表是用来将数据包从 LSP 中脱离出来,恢复成原始的 IP 数据包,并继续沿着正常的 IP 路由表进行转发的。在反向路由表中,会根据目的 IP 地址和子网掩码进行匹配,找到对应的条目。该条目会指示如何将数据包从 LSP 中脱离出来,并将数据包转发到目的地。一旦数据包从 LSP 中脱离出来,它将继续沿着 IP 路由表进行转发,直到到达最终的目的地。在这个过程中,数据包不再使用标签进行封装和转发,而是恢复成原始的 IP 数据包。通过脱离 LSP 的过程, MPLS 网络实现了快速、高效的 IP 数据包转发机制,同时也能够灵活地支持不同的路由策略和业务需求。

(3)MPLS 的 QoS 实现。MPLS 的 QoS 实现主要依赖于在网络的边缘根据业务的服务质量要求将该业务映射到一定的业务类别中,然后利用 IP 分组中的 DS 字段(由 ToS 域而来)唯一地标记该类业务。骨干网络中的各节点根据该字段对各种业务采取预先设定的服务策略,保证相应的服务质量。这种方法需要使用更多的标签,占用大量的系统资源。

（4）MPLS 流量工程。在 MPLS 网络中，流量工程可以通过建立标记交换路径（LSP）来实现。这些 LSP 是预定义的路径，用于引导数据流在网络中的传输。通过这些 LSP，网络管理员可以控制和管理网络中的数据流，以避免网络拥塞和保证数据传输的质量。为了实现流量工程的目标，MPLS 网络需要使用一些控制协议和算法来动态地选择和调整 LSP。其中，最常用的控制协议是标签分发协议（LDP）和 RSVP-TE。LDP 是一种基于会话的协议，用于在 MPLS 网络中建立和维护标签映射。RSVP-TE 是一种基于路径的协议，用于建立和维护 LSP。

（5）基于 MPLS 的 VPN。MPLS VPN 使用第三层技术，通过在 IP 报文上添加 MPLS 标签来提供隧道，使得每个 VPN 具有独自的 VPN-ID。每个 VPN 的用户只能与自己 VPN 网络中的成员通信，只有 VPN 的成员才能有权进入该 VPN，这提供了很好的隐私和安全性。MPLS 实际上就是一种隧道技术，它可以在网络设备之间建立直接的连接，使得数据包可以在这些设备之间传输。因此，建立 VPN 隧道相对于其他技术来说十分容易。

8.3　数字光纤通信

8.3.1 数字光纤通信概述

数字光纤通信是一种利用光波承载数字信号，通过光导纤维作为传输媒介的通信方式。相比传统的通信方式，光纤通信的特点包括：传输速度快，因为光波的频率远高于电波，使得光纤通信可以更快地传输数据；传输距离远，光纤通信不受传统通信中电信号的传输距离限制，可以在长距离上实现高速、稳定的数据传输；抗干扰能力强，光纤通信中的光波在传输过程中不易受到电磁干扰的影响；安全性高，由于光纤通信的传输过程是全封闭的，因此可以有效地防止外部窃听和干扰，提高了通信的安全性；可扩展性高，光纤通信的传输速率和传输距离可以随着技术的进步而不断提高，使得光纤通信具有很高的可扩展性；环保，光纤通信的传输媒介是光导纤维，不会产生电磁辐射污染，因此光纤通信是一种环保的通信方式。

8.3.2 数字光纤通信系统的基本结构

数字光纤通信系统由发送设备、传输信道和接收设备三大部分构成。如图 8-4 所示为光纤通信系统组成原理框图。

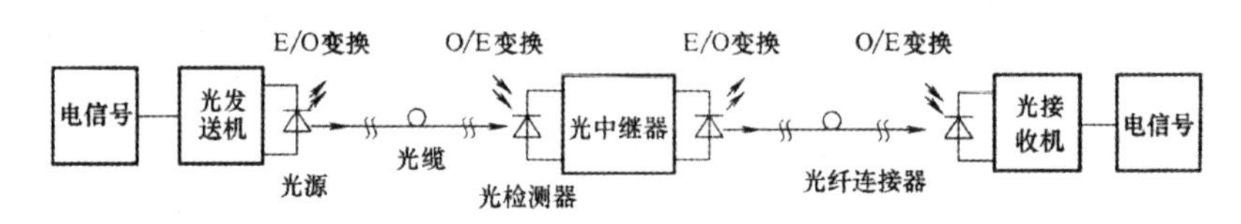

图 8-4 光纤通信系统组成原理框图

8.3.2.1 光纤

光纤作为信息传输介质具有高效可靠的特点。其内部和外部折射率的差异使得光线在光纤内部发生全反射，从而避免了光线的外泄，使得光能以高效率低损耗的方式传播。此外，光纤通信还具有抗电磁干扰、高带宽等优点，因此特别适合于大规模的数据传输。

总体而言，光纤是一种优秀的通信介质，其独特的全反射特性及多种优势使其在现代化通信中占据着重要地位。如图 8-5 所示为光纤全反射原理示意图，图 8-6 为具体的光在两种介质中传播时的折射现象。

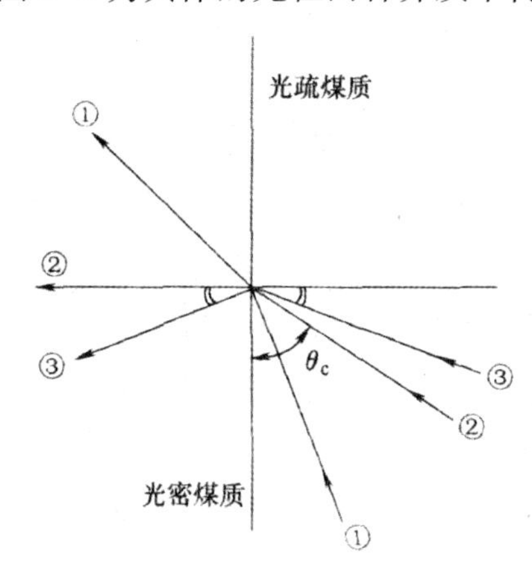

图 8-5 光纤全反射原理示意图

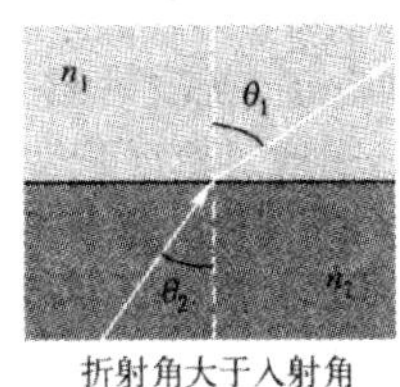
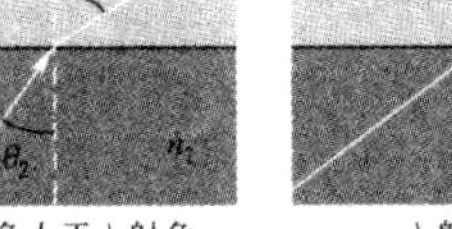

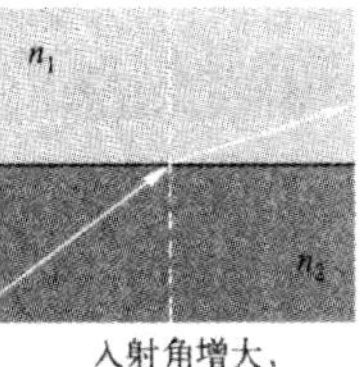

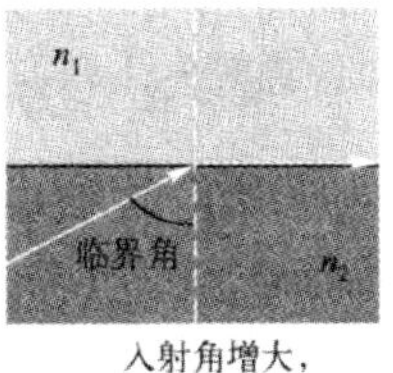

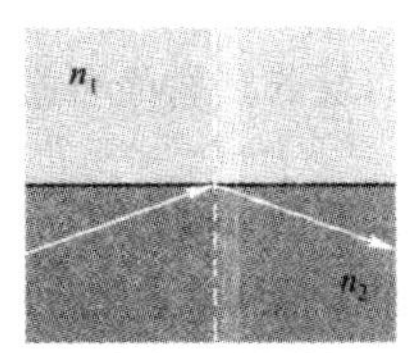

图 8–6　光在两种介质中传播时的折射现象

在制造光纤时，需提高光纤芯的折射率，从而使能量都集中在光纤芯中传播。光纤的芯线由纤芯、包层、涂覆层、套塑四部分组成，其结构图如图 8–7 所示。

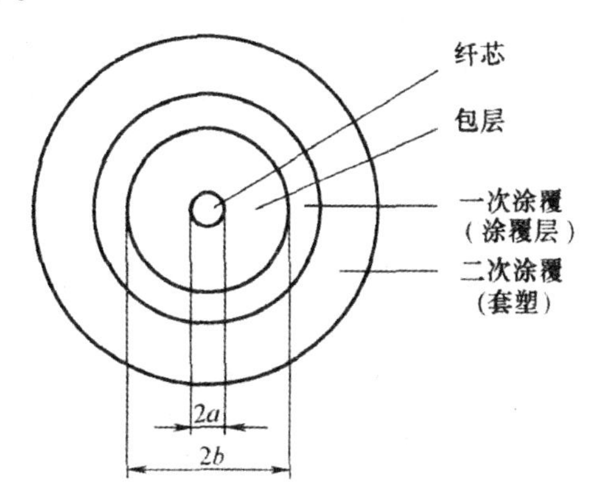

图 8–7　光纤芯线的结构图

在光纤的制造过程中，光纤芯的折射率通常会比包层的折射率更高。这是为了使光波在光纤中传播时，能够最大限度地保持在光纤芯中，而不会从光纤芯泄漏到包层。折射率是光线从一个介质进入另一个介质时，光线的传播速度或方向的改变程度的度量。在光纤中，高折射率的物质（如硅或锗）被用来制作光纤芯，而低折射率的物质（如玻璃或塑料）被用来制作包层。当光线从一种介质进入另一种介质时，如果两种介质的折射率不同，光线的传播方向会发生改变。在光纤中，由于光纤芯的折射率比包层更高，光线在进入包层时会发生折射，从而使光线保持在光纤芯中继续传播。通过这种方式，光纤能够实现对光波的高效传输和控制，而不会受到光波散射、吸收或泄漏的影响。这种特性使光纤广泛应用在通信、医疗、军事等领域中。

8.3.2.2 光发射端机

光发射端机的功能是将电端机输出的数字基带电信号转换为光信号(电 / 光转换是用承载信息的数字电信号对光源进行调制来实现的),但并不是将各种待传送的电信号转换成适合光纤传输的光信号。不同类型的电信号可能需要不同的转换方法才能适合光纤传输。光发射端机的组成如图 8-8 所示。此外,实际应用中常增加一些辅助电路,比如 LD 保护电路、无光告警电路、激光器寿命告警电路等。

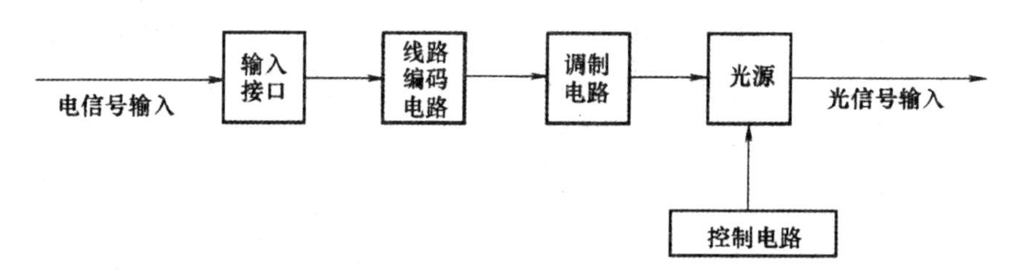

图 8-8 光发射端机的组成框图

(1)光源。光源是光纤通信中非常重要的组件,功能是把电信号转换为光信号,以在光纤中传输数据。常见的光纤通信光源有 LED、DFB 激光器和 VCSEL 等。LED 光源的优点是价格低廉、适用于室内短距离光纤通信和数据传输,但实际传输距离有限。DFB 激光器是目前光纤通信中最常用的光源之一,优点是稳定性好、输出功率高、带宽宽广,适用于长距离光纤通信、光纤传感和光网络等领域。VCSEL 是一种新型的半导体激光器,具有低阈值电流、高速调制、体积小等优点,其输出波长通常在 850 ~ 1310nm,适用于短距离光纤通信。

(2)调制电路。调制电路主要完成电 / 光变换任务。直接调制设备简单、损耗小、成本低,但存在波长(频率)的抖动。间接调制比较复杂、消光比高(>13)、插损较大(5 ~ 6dB)、驱动电压较高、难以与光源集成、偏振敏感、损耗大、可以应用于高速大容量传输系统中。在光纤通信中,调制电路主要负责将电信号转换为光信号,也就是完成电—光变换的任务。

（3）控制电路。在数字光纤通信系统中，为了确保电—光变换的稳定性和可靠性，通常需要采取措施来控制和稳定光源的输出光功率。由于半导体激光器对温度变化非常敏感，温度的变化会直接影响其输出光功率，因此需要采取措施来消除这种影响。目前主要采用的稳定方法有自动温度控制（ATC）和自动功率控制（APC）。

①自动温度控制（ATC）是通过控制半导体激光器的温度来稳定其输出光功率。通常，ATC 电路会使用一个温度传感器来监测激光器的温度，并根据需要调整激光器的温度，以保持其输出光功率的稳定。

②自动功率控制（APC）是通过控制激光器的驱动电流来稳定其输出光功率。APC 电路会监测激光器的输出光功率，并根据需要调整激光器的驱动电流，以保持其输出光功率的稳定。这种方法通常比 ATC 方法更复杂，但可以实现更精确的功率控制。

8.3.2.3 光接收机

光接收机是光纤通信系统中的重要组成部分，主要任务是以最小的附加噪声及失真，恢复出光纤传输后由光载波所携带的信息。它主要由光检测器和前置放大器组成。光接收机组成框图如图 8-9 所示。

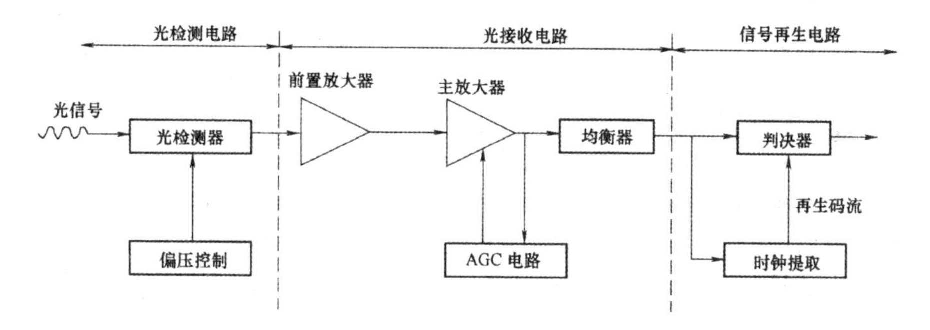

图 8-9　光接收机的组成框图

8.4 卫星通信系统

卫星通信在弥补移动中的或边远地区的通信方面起着非常重要的作用，卫星通信系统的特点是可以实现国与国之间以及洲际间的远距离通信，而不需要进行大量铺设通信线路的工程，大大减少了费用和时间。卫星通信是一种非常重要的通信方式，可以大大提高通信的可靠性和覆盖范围，使人们可以随时随地保持通信联系。

8.4.1 卫星通信概述

卫星通信是一种利用人造地球卫星作为中继站来转发无线电波，从而实现两个或多个地球站之间的通信方式。该系统由卫星和地球站两部分组成。卫星作为中继站，可以在大范围内覆盖，同时可以在多个地点接收和发送信号，实现广播、多址通信等功能。

卫星通信具有以下特点：通信范围大，卫星可以在大范围内覆盖，因此可以实现在地球上任何两点之间的通信；不受陆地灾害影响，卫星通信不易受陆地灾害的影响，因此具有较高的可靠性；电路开通迅速，只要设置地球站电路即可开通，因此非常适合需要快速响应的通信需求；多址通信，卫星通信可以实现多址通信，即多个地球站可以同时进行通信；经济高效，卫星通信可以利用较少的设备实现大范围的通信，因此具有较高的经济性。卫星通信技术不断发展，已经广泛应用于军事、民用等领域。例如，卫星电视、卫星电话、卫星导航等都是基于卫星通信技术实现的。未来，随着技术的不断进步和应用领域的不断拓展，卫星通信将会发挥更加重要的作用。

如图 8-10 所示为最简单的卫星通信系统。

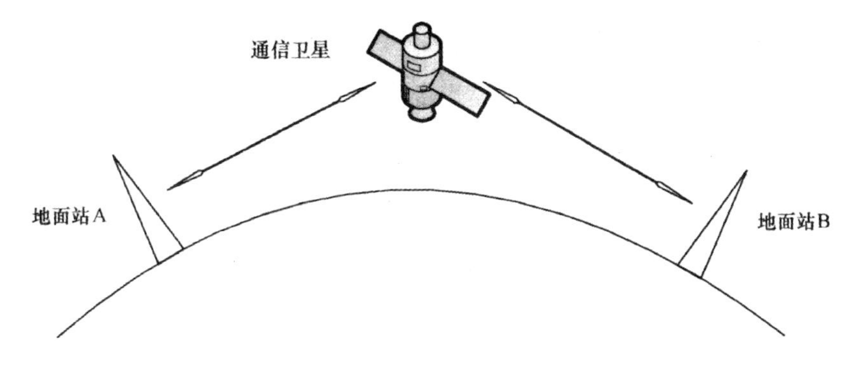

图 8-10　卫星通信示意图

8.4.2 卫星通信系统组成

通信卫星的组成结构如图 8-11 所示。

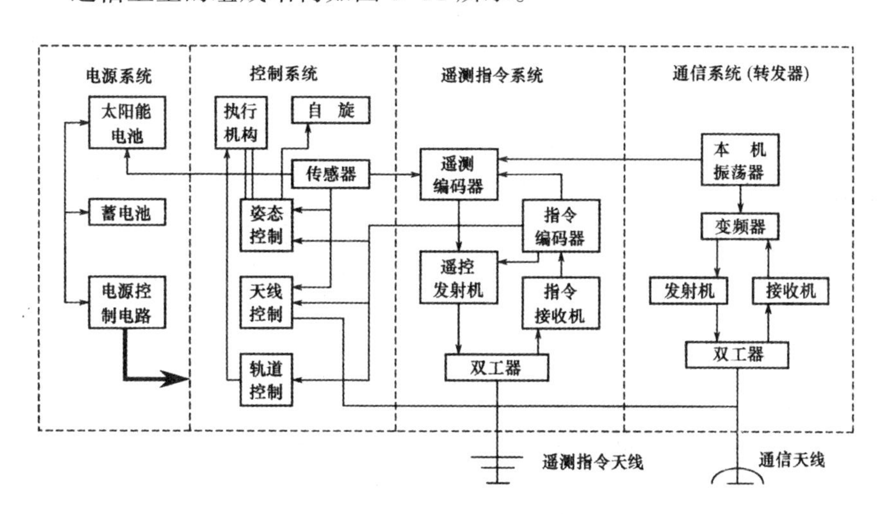

图 8-11　通信卫星组成示意图

卫星通信系统由空间段和地面段两部分组成，如图 8-12 所示。空间段以卫星为主体，起中继作用。地面段是直接用来进行通信的，以地面站为主体，为保障系统的正常运行，还应包括测控系统和监控管理系统，其方框图如图 8-13 所示。

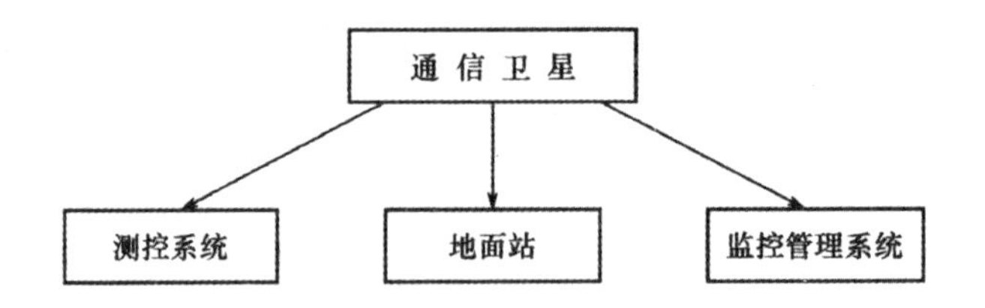

图 8-12　卫星通信系统构成

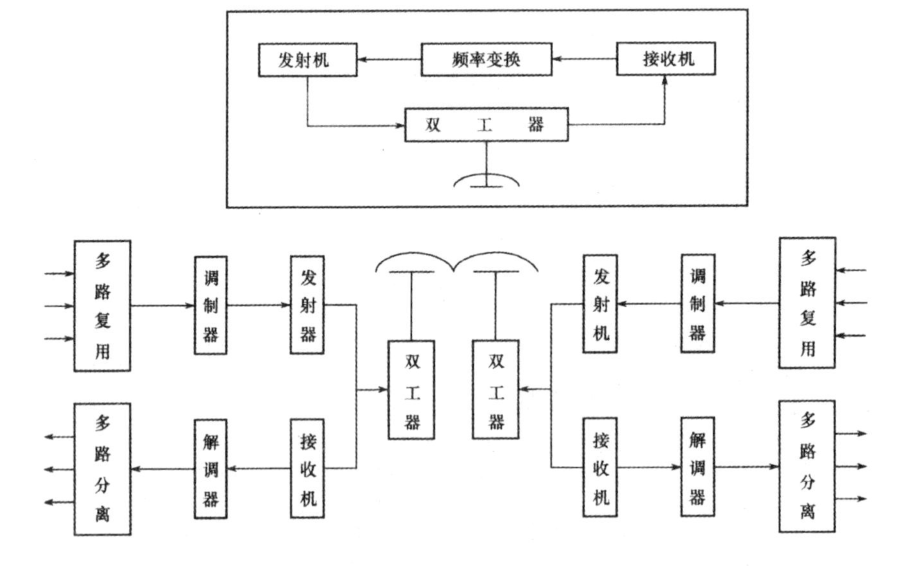

图 8-13　卫星通信系统的组成方框图

卫星通信系统由空间段和地面段两部分组成。

空间段是卫星通信的重要组成部分，它以卫星为主体，起到中继站的作用。卫星在太空中运行，可以覆盖广阔的地球表面，接收来自地面站的信号，并将其转发回地面站，从而实现远距离的通信。

地面段是卫星通信系统的另一重要组成部分，它是直接用来进行通信的部分。地面段主要由地面站和相关设备组成，包括测控系统和监控管理系统。地面站是卫星系统与地面通信网的接口，用于卫星网与地面移动网、地面公共交换电话网之间的接口。地面用户通过地面站出入卫星系统，形成通信电路。同时，地面站还负责将信号发送到卫星，并将卫星转发的信号接收下来。

测控系统用于跟踪和测量卫星的位置和速度，确保卫星能够准确地进行信号的接收和转发。监控管理系统则负责对整个卫星通信系统进行监控和管理,确保系统的正常运行和可靠性。

8.5 超宽带通信系统

超宽带(UWB)是一种无线通信技术,其传输速度非常快,可以达到几百 Mbps 到几 Gbps。它使用非常宽的频带,可以在非常短的距离内实现高速数据传输。这种技术的传输速度比传统的无线通信技术要快得多,因此在许多领域都具有很大的潜力。除了高速传输,UWB 还具有低功耗和低成本的优点。它的功耗比传统的无线通信技术要低得多,因此可以使用更小的电源,从而减小设备的体积和重量。由于这些优点,UWB 无线通信技术正在被广泛应用于许多领域,如家庭网络、无线传感器网络、高清视频传输等。在无线通信技术的发展中,UWB 将会成为一种非常有前途的技术。

8.5.1 超宽带无线电概述

超宽带无线电是具有很高带宽比的无线电通信技术。FCC 对于 UWB 的定义为:

$$\frac{f_H - f_L}{f_C} > 20\%$$

式中,f_H、f_L 分别为功率较峰值功率下降 10dB 时所对应的高端频率和低端频率,f_C 为载波频率或中心频率。

根据香农信道容限公式:

$$C = B\log_2\left(1 + \frac{P}{BN_0}\right)$$

式中,B 为信道带宽;N_0 为高斯白噪声功率谱密度;P 为信号功率。

增加信道容量的确有两个主要的方法:增加信号功率和增大传输带宽。增加信号功率(S)可以提高信道容量 C。在通信系统中,信号是信息的载体,增加信号功率意味着可以在单位时间内传输更多的信息,从而提高信道容量。增大传输带宽(B)也可以增加信道容量C。传输带宽指的是信道每秒传输的信号数量。增大传输带宽意味着可以每秒传输更多的信号,从而提高信道容量。当然,增大信道带宽并不意味着信道容量可以无限制地增大。当信道传输的信息量一定时,信道带宽、信噪比及传输时间是可以互换的,它们之间存在一个最佳的平衡点。另外,增加信噪比(S/N)也是提高信道容量的有效手段,但一般通过减小噪声功率来实现,相当于增大信道带宽的效果。

在图8-14中,FCC对UWB通信系统的频谱进行了严格的限制,以确保不对现有系统造成干扰。室内和室外通信系统的频谱规定:室内通信系统的频谱限制在3.1GHz至10.6GHz之间。在这个范围内,UWB信号的功率谱密度必须低于-41.3dBm/MHz,同时需要满足带宽不超过500MHz的要求;室外通信系统的频谱限制在3.1GHz至10.6GHz之间。在这个范围内,UWB信号的功率谱密度必须低于-41.3dBm/MHz,同时需要满足带宽不超过1GHz的要求。此外,室外通信系统还必须使用跳频扩频(FHSS)或直接序列扩频(DSSS)技术,以确保与其他通信系统之间的共存能力。

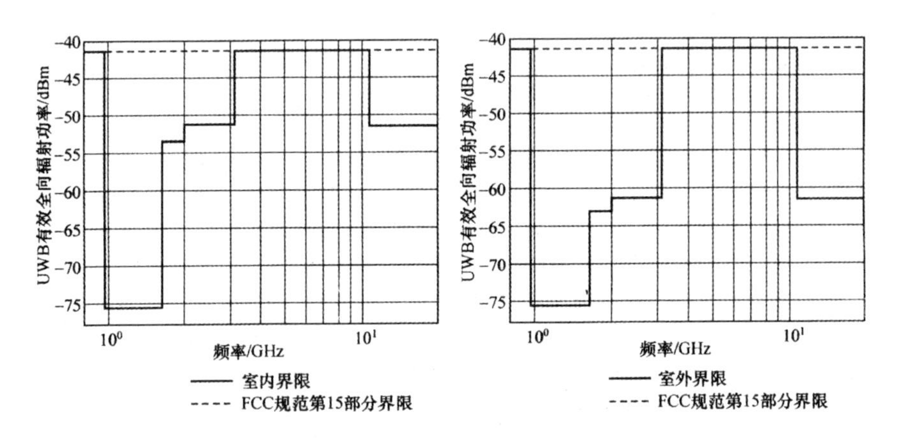

图8-14　FCC对UWB通信系统的频谱要求

同时,FCC对UWB通信系统的频谱进行了以下限制:

(1)频段宽度。UWB通信系统使用的频段宽度必须小于5GHz,并且必须在这个范围内进行传输。

(2)传输功率。UWB通信系统的传输功率受到严格限制,以确保其不会对其他设备造成干扰。

(3)辐射安全。FCC 还规定了 UWB 设备的辐射安全标准,以确保人们的安全。

8.5.2 基带脉冲超宽带

8.5.2.1 基带脉冲超宽带定义

基带脉冲超宽带直接利用基带脉冲波形进行通信。

基带脉冲超宽带(UWB)是一种无线通信技术,它直接利用基带脉冲波形进行通信。基带脉冲超宽带技术采用纳秒至微秒级的脉冲信号,以极高的时间分辨率来实现高速数据传输。

在基带脉冲超宽带通信中,数据被编码为脉冲信号,这些脉冲信号具有非常宽的频带。通过在短时间内传输这些宽脉冲信号,可以实现高速数据传输。由于这些脉冲信号的带宽远大于传统的窄带通信技术,因此基带脉冲超宽带技术具有高分辨率和抗干扰能力强的优点。

基带脉冲超宽带技术被广泛应用于短距离高速数据传输,如无线 USB、无线高清视频、智能制造等领域。它具有高速度、低功耗、低成本等优点,特别适合于需要高分辨率和抗干扰能力强的应用场景。

典型的无载波脉冲位置调制的 UWB 通信系统如图 8-15 所示。

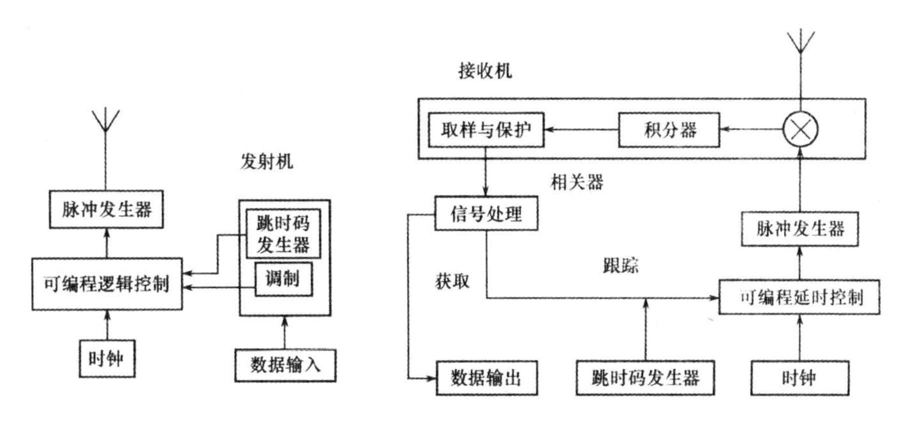

图 8-15　基带脉冲 UWB 发射机与接收机系统

8.5.2.2 UWB 信号脉冲

（1）基本高斯脉冲。

基本高斯脉冲的时域数学表达式为：

$$p(t)=A\exp\left[\frac{-(t-T_C)}{2\sigma^2}\right]^2$$

式中，A 为脉冲幅度；σ 为波形成形因子(决定脉冲的脉宽和频带宽度)；T_C 为脉冲的中心位置。

其频域幅频表达式为：

$$|p(f)|=\frac{A}{\sqrt{2\pi}f_C}\exp\left[-0.5\left(\frac{f}{f_C}\right)^2\right]$$

式中，$f_C=\dfrac{1}{2\pi\sigma}$ 为脉冲频域的中心频率。

如图 8-16 所示为高斯脉冲的形式及其频谱特性。

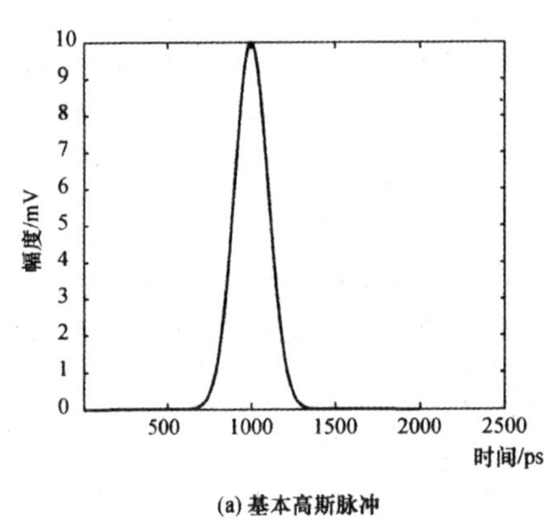

(a) 基本高斯脉冲

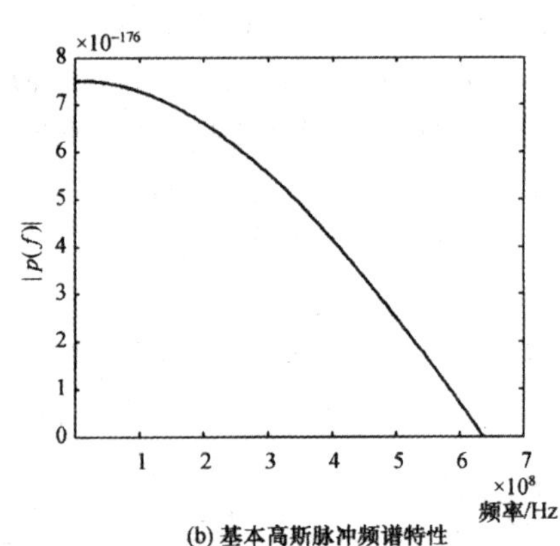

(b) 基本高斯脉冲频谱特性

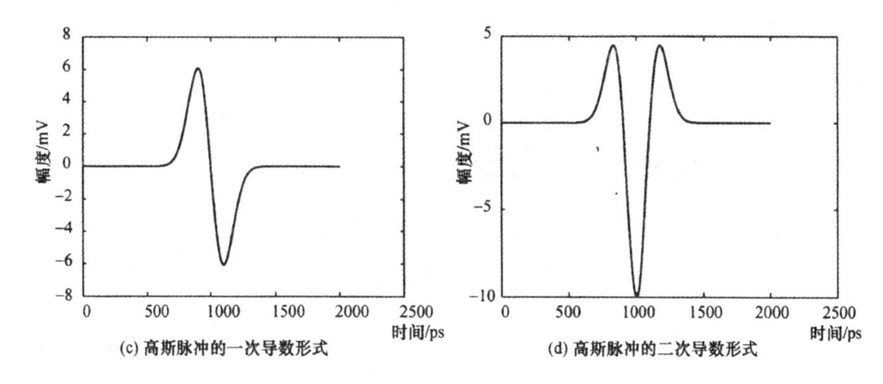

(c) 高斯脉冲的一次导数形式　　(d) 高斯脉冲的二次导数形式

图 8–16　高斯脉冲的形式及其频谱特性

高斯脉冲是一种常用的脉冲波形，其具有一些理想的性质，如没有直流分量，对于超宽带信号的应用来说是非常重要的。在超宽带通信系统中，脉冲波形的选择确实在很大程度上影响了系统的性能。脉冲波形需要能够有效地携带和恢复信息，同时还需要能够抵抗噪声和干扰。在实际应用中，常常会根据特定的需求来选择适合的脉冲波形。

（2）Scholtz 单周期脉冲。

Scholtz 单周期脉冲的时域表达式为：

$$p_2(t)=A\left[1-\left(\frac{t-T_{\mathrm{C}}}{\sigma}\right)^2\right]\exp\left[\frac{-(t-T_{\mathrm{C}})^2}{2\sigma^2}\right]$$

其幅频响应表达式为：

$$\left|p_2(f)\right|=\frac{A}{\sqrt{2\pi}f_{\mathrm{C}}}\left(\frac{f}{f_{\mathrm{C}}}\right)^2\exp\left[-0.5\left(\frac{f}{f_{\mathrm{C}}}\right)^2\right]$$

在无线通信中，天线的性能对信号的质量和传输距离有很大的影响。由于天线对信号的传输有一定的损耗和畸变，所以选择合适的脉冲波形可以在某种程度上抵消这些影响，提高通信的质量。在选择脉冲波形时，还需要考虑其他一些因素，如信号的频谱特性、系统的复杂性和成本，以及天线的特性等。这些因素通常需要在设计和实现超宽带通信系统时进行权衡和优化。

8.5.2.3 脉冲无线电 UWB 系统实现

脉冲无线电是直接发射经过频谱成形之后的宽带窄脉冲，如图 8-17 所示为脉冲基带 UWB 系统的实现框图。

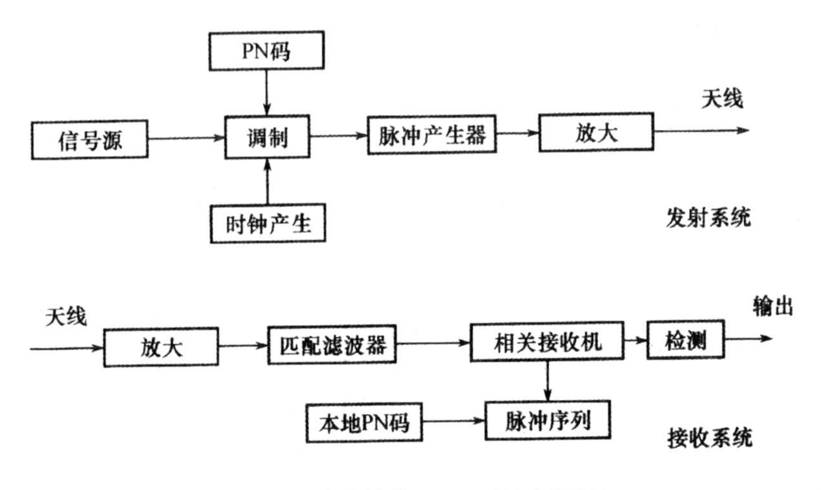

图 8-17　脉冲基带 UWB 系统方框图

UWB 系统实现主要包括以下步骤：

（1）产生 UWB 脉冲信号。首先需要产生 UWB 脉冲信号，通常采用基带脉冲波形技术，如高斯脉冲。通过控制脉冲的宽度和幅度，可以获得需要的传输速率和能耗等指标。

（2）选择合适的传输方式。UWB 脉冲信号可以通过多种方式进行传输，如单脉冲、脉冲串、脉冲重复序列等。需要根据具体应用场景选择合适的传输方式。

（3）设计收发天线。收发天线是 UWB 通信系统的重要组成部分，需要根据传输距离、信号质量等要求设计合适的天线。

（4）构建 UWB 通信系统。构建 UWB 通信系统需要将产生好的 UWB 脉冲信号通过收发天线传输出去，同时接收端也需要设计合适的接收电路来恢复信号。

（5）实现信号处理。接收端在接收到 UWB 脉冲信号后需要进行信号处理，如滤波、放大、检测等操作来恢复原始信号。

需要注意的是，UWB 通信系统的实现还需要考虑其他因素，如系统功耗、成本、安全性等。

参考文献

[1] 曹志刚，曹志刚，宋铁成，等 . 通信原理与应用：基础理论部分[M]. 北京：高等教育出版社，2015.

[2] 程韧，蒋磊 . 现代通信原理与技术概论 [M]. 北京：清华大学出版社；北京交通大学出版社，2005.

[3] 程允丽 . 媒体信息的综合处理及数字化校园的建设研究 [M]. 北京：中国原子能出版社，2018.

[4] 高强，李峭，费礼 . 现代数字通信 [M]. 北京：高等教育出版社，2010.

[5] 高媛媛，魏以民，郭明喜 . 通信原理 [M].3 版 . 北京：机械工业出版社，2020.

[6] 龚佑红，周友兵 . 数字通信技术及应用 [M]. 北京：电子工业出版社，2011.

[7] 郭丽梅，施荣华 . 通信原理 [M]. 北京：中国铁道出版社，2018.

[8] 黄一平，刘莲青 . 数字通信技术 [M].3 版 . 北京：机械工业出版社，2018.

[9] 黄一平 . 通信与网络技术 [M].2 版 . 北京：北京邮电大学出版社，2012.

[10] 季福坤，钱文光 . 数据通信与计算机网络 [M].3 版 . 北京：中国水利水电出版社，2020.

[11] 季福坤 . 数据通信与计算机网络技术 [M].2 版 . 北京：中国水利水电出版社，2012.

[12] 解相吾，解文博 . 现代通信网概论 [M]. 北京：清华大学出版社，2008.

[13] 李广林 . 现代通信网技术 [M]. 西安：西安电子科技大学出版社，2014.

[14] 李环，任波 . 通信原理 [M]. 北京：机械工业出版社，2022.

[15] 李莉，王春悦，叶茵 . 通信原理 [M]. 北京：机械工业出版社，2020.

[16] 李文海，毛京丽，石方文 . 数字通信原理 [M].2 版 . 北京：人民邮电出版社，2007.

[17] 李文海 . 数据通信与网络 [M]. 北京：电子工业出版社，2008.

[18] 李文海 . 数字通信原理 [M]. 北京：人民邮电出版社，2001.

[19] 李文海 . 现代通信网 [M]. 北京：北京邮电大学出版社，2017.

[20] 刘莲青 . 数字通信技术 [M]. 北京：机械工业出版社，2010.

[21] 罗忠，吴年志：陈学文 . 现代通信与网络技术 [M]. 北京：中国商务出版社，2009.

[22] 吕其恒，舒雪姣，徐志斌 . 数据通信技术 [M]. 北京：中国铁道出版社，2020.

[23] 马少斌，梁晔，黄寿孟，等 . 多媒体通信技术及应用研究 [M]. 北京：中国水利水电出版社，2014.

[24] 毛京丽，石方文 . 数字通信原理 [M].3 版 . 北京：人民邮电出版社，2011.

[25] 毛京丽 . 数字通信原理 [M]. 北京：中国人民大学出版社，2000.

[26] 毛琼丽，董跃武 . 数字通信技术与应用 [M]. 北京：人民邮电出版社，2017.

[27] 毛琼丽 . 数字通信原理 [M]. 北京：人民邮电出版社，2007.

[28] 毛羽刚，蔡开裕，陈颖文 . 数据通信原理 [M]. 北京：机械工业出版社，2022.

[29] 沈越泓，高媛媛，魏以民 . 通信原理 [M]. 北京：机械工业出版社，2008.

[30] 隋晓红，张小清，白玉，等 . 通信原理 [M]. 北京：机械工业出版社，2021.

[31] 孙学康，毛京丽 .SDH 技术 [M]. 北京：人民邮电出版社，2015.

[32] 唐彦儒，金毓良，史娟芬 . 数字通信技术 [M]. 南京：东南大学出版社，2003.

[33] 唐彦儒 . 数字通信技术 [M]. 北京：机械工业出版社，2010.

[34] 田广东 . 现代通信技术与原理 [M]. 北京：中国铁道出版社，2018.

[35] 王丽娜边胜琴 . 计算机网络 [M]. 北京：电子工业出版社，2022.

[36] 王钦笙，毛京丽，朱彤 . 数字通信原理 [M]. 北京：北京邮电大学出版社，1995.

[37] 王兴亮，高利平 . 通信系统概论 [M]. 西安：西安电子科技大学出版社，2008.

[38] 王兴亮，寇宝明 . 数字通信原理与技术 [M]. 西安：西安电子科技大学出版社，2009.

[39] 王兴亮，寇媛媛 . 数字通信原理与技术 [M].4 版西安：西安电子科技大学出版社，2016.

[40] 王兴亮 . 数字通信原理与技术 [M].5 版 . 西安：西安电子科学技术大学出版社，2022.

[41] 王兴亮 . 通信系统原理教程 [M]. 西安：西安电子科技大学出版社，2007.

[42] 王兴亮 . 现代通信技术与系统 [M]. 北京：电子工业出版社，2008.

[43] 王兴亮 . 现代通信原理与技术 [M]. 北京：电子工业出版社，2009.

[44] 王兴亮，高利平 . 现代通信系统新技术 [M]. 西安：西安电子科技大学出版社，2012.

[45] 谢慧，袁志民，廖巍 . 通信技术实用教程 [M]. 北京：北京大学出版社，2015.

[46] 詹仕华，谢秀娟，薛岚燕，等 . 数据通信原理 [M]. 北京：机械工业出版社，2022.

[47] 詹仕华 . 数据通信原理 [M]. 北京：中国电力出版社，2010.

[48]张甫翊，徐炳祥，吴成柯 . 通信原理[M]. 北京：清华大学出版社，2016.

[49] 张辉，曹丽娜 . 现代通信原理与技术 [M].4 版 . 西安：西安电子科技大学出版社，2018.

[50] 张琳琳，曹雷，殷锡亮 . 数字通信技术及 SystemView 软件仿真

[M].2 版 . 北京：北京理工大学出版社，2022.

[51] 张琳琳 . 数字通信技术及 SystemView 软件仿真 [M]. 北京：北京理工大学出版社，2018.

[52] 张鑫，袁敏，李艳丽 . 现代数据通信原理与技术探析 [M]. 北京：中国水利水电出版社，2015.

[53] 张宇，王丽琼 . 通信工程建设与技术标准规范实用手册 [M]. 延吉：延边人民出版社，2001.

[54] 周瑞琼，朱光，李理，等 . 计算机网络与通信技术探索 [M]. 北京：中国水利水电出版社，2015.

[55] 周友兵 . 数字通信基础 . 北京：机械工业出版社，2008.

[56] Chao Dong, Yubin Deng, Chen ChangeLoy et al. Compression Artifacts Reduction by a Deep Convolutional Network[C]. Piscataway, N J: Proceedings of the IEEE I nternational Conference on Computer Vision, 2015: 576–584.

[57] Toderici G, O' Malley S M, Hwang S J, et al. Variable Rate Image Compression with Recurrent Neural Networks[J]. arXiv preprint arXiv: 1511.06085, 2015.

[58] Toderici G, Vincent D, Johnston N, et al. Full Resolution Image Compression wit h Recurrent Neural Networks[C]. //Proceedings of the Conference on Computer V ision and Pattern Recognition. IEEE, 2017: 5306–5314.

[59] Ball é J, Laparra V, Simoncelli E P. End–to–end Optimized Image Compression[J].arXiv preprint arXiv: 1611.01704, 2016.

[60] Li M, Zuo W, Gu S, et al. Learning Convolutional Networks for Content–weighted Image Compression[C]. //Proceedings of the Conference on Computer Vision and Pattern Recognition. IEEE, 2018: 3214–3223.

[61] Mentzer F, Agustsson E, Tschannen M, et al. Conditional Probability Models for Deep Image Compression[C]. //Proceedings of the Conference on Computer Vision and Pattern Recognition. IEEE, 2018: 4394–4402.

[62] Duan Y, Zhang Y, Tao X, et al. Content–aware Deep Perceptual

Image Compression[C].//2019 11th International Conference on Wireless Communications and Signal Processing.IEEE, 2019: 1-6.

[63] Minnen D, Ball é J, Toderici G. Joint Autoregressive and Hierarchical Priors for Learned Image Compression[J]. arXiv preprint arXiv: 1809.02736, 2018.

[64] 李丹,陈贵海,任丰原,等,数据中心网络的研究进展与趋势 [J]. 计算机学报, 2014, 37 (02): 259-274.

[65] 刘爽,史国友,张远强 . 基于 TCP/IP 协议和多线程的通信软件的设计与实现 [J]. 计算机工程与设计, 2010, 31 (07): 1417-1420+1522. 10.16208/j.issn1000-7024.2010.07.008.

[66]Zhang D, Zheng K, Zhao D, Song X, Wang X.Novel Quick Start (QS) methodfor optimization of TCP[J].Wireless Networks (10220038).2016, 22 (1): 211.

[67]Rajiullah M, Hurtig P, Brunstrom A, et al.An Evaluation of Tail Loss Recovery Mechanisms for TCP[J].ACM SIGCOMM Computer Communication Review, 2015, 45 (1): 5-11.

[68] Hermann K, Chen T, Kornblith S. The origins and prevalence of texture bias in convolutional neural networks[J]. Advances in Neural Information Processing Systems, 2020, 33: 19000-19015.

[69] Ballé J, Minnen D, Singh S, et al. Variational image compression with a scale hyperprior[J].arXiv preprint arXiv: 1802.01436, 2018.

[70] Cheng Z, Sun H, Takeuchi M, et al. Learned image compression with discretized gaussian mixture likelihoods and attention modules[C]. Proceedings of the IEEE/CVF Conference on Computer Vision and Pattern Recognition. 2020: 7939-7948.

[71] Lu M, Guo P, Shi H, et al. Transformer-based image compression[J]. arXiv preprint arXiv: 2111.06707, 2021.

[72] 田添 . 数字通信技术原理及其应用探讨 [J]. 软件, 2021(009): 042.

[73] 刘正 . 浅析网络数据通信中的隐蔽通道技术 [J]. 数字技术与应用, 2017 (5): 1.

[74] 杨燕婷 . 基于 CAN 总线的温度控制系统的研制 [J]. 商品与质量：学术观察，2011（7）：2.

[75] 汪升华 . 新形势下计算机通信网络安全防护策略 [J]. 数字技术与应用，2022（007）：040.

[76] 孙秀蓉 . 数字通信技术原理及其应用 [J]. 科技创新与应用，2020（20）：2.

[77] 张露露 . 数字通信技术的应用与发展研究 [J]. 信息与电脑，2018（22）：2.

[78] 侯彦军 . 数字通信的内容及应用发展 [J]. 数字通信世界，2020（4）：1.

[79] 王雷，商世苹，陈满春 . 数字通信系统应用方法浅析 [J]. 数字通信世界，2021（12）：3.

[80] 贾伟东 .DDN 组网技术研究 [J]. 中小企业管理与科技，2014（9）：2.

[81] 郭杰洁，刘辰尧，张艺檬，等 . 一种语音信源的语义压缩编码方法 [J]. 移动通信，2023，47（4）：71–76.

[82] 周洁，白木 . 访问 Internet 方法全揭示 [J]. 山东电子，2001.

[83] 李芳 . 论网络流媒体技术 [J]. 电脑知识与技术：学术版，2009（7X）：2.

[84] 王晓峰 . 利用帧中继构建企业级信息网的几个技术问题 [J]. 计算机系统应用，2001，000（006）：73–76.

[85] 陈代武，彭宇行 . 流媒体技术及其在校园教育信息资源传输中的应用 [J]. 电化教育研究，2003（9）：4.

[86] 查敦林，郭晓东，孙知信 .LTE/SAE 的 QoS 研究 [J]. 计算机技术与发展，2010，20（11）：4.

[87] 乔壮华，李艳萍 .CDMA 移动通信的安全与鉴权 [J]. 科技情报开发与经济，2009，019（009）：117–119.

[88] 陈晓冬，王庆扬，蔡康 .LTE 系统中语音业务空口承载能力分析 [J]. 电信科学，2011（S1）：6.

[89] 左玉平 . 脉冲编码调制过程 [J]. 今天，2020.

[90] 程淑荣 .LTE/EPC 网络的 QoS 分析 [J]. 广东通信技术，2013，33（12）：4.

[91] 冯传岗，宋茜 . 宽带数据网基础知识讲座——第 5 讲 数据通信技术（上）[J]. 中国有线电视，2002，17（17）：65-65.

[92] 王学东，杨华 .Turbo 码 MAP 译码器硬件实现的研究 [J]. 哈尔滨工业大学学报，2002，34（2）：4.

[93] 刘静 . 大数据时代企业管理模式创新研究 [J]. 中国管理信息化，2019，22（6）：2.

[94] 张照林 . 数字数据网（DDN）——一种全新的数据通信网络 [C]// 中国通信学会电信新技术新业务发展研究学术会议 .1995.

[95] 蔡轶，周俊，郝祥勇，等 . 面向中短距应用的差分自相干光纤传输系统 [J]. 光学学报，2023.

[96] 暴伟，郭皓明，舒适良 .IPv6 在城市轨道交通建设中的应用 [J]. 世界轨道交通，2012（9）：2.

[97] 李会勇，高昕艳，徐政五 .UWB 在室内高速无线传输中的应用研究 [J]. 电子科技大学学报，2003，32（6）：4.

[98] 刘力为，卞丽娟 . 基于全媒体的高校思想政治工作探赜 [J]. 高校辅导员，2020（4）：5.

[99] 刘斌 . 宽带 ISDN 与 ATM 交换技术 [J]. 电信科学，1996.

[100] 乐嘉伟 .DDN 网络技术分析及在北京农行的应用 [J]. 计算机系统应用，1998（2）：1.

[101] 宫莉，刘怡宏 . 数字通信的发展意义 [J]. 小品文选刊：下，2017（6）：1.

[102] 许强，郭威，常艳生 . 基于用户价值的 LTE 网络差异化 QoS 策略实施的研究 [J]. 邮电设计技术，2019（6）：5.

[103] 许延，陈也乐 .VoLTE 业务端到端服务质量指标及测试 [J]. 移动通信，2017，41（15）：8.

[104] 祁伟，殷海兵，王鸿奎 . 一种基于统计建模的 VVC 快速码率估计方法 [J]. 电信科学，2022，38（12）：11.